21 世纪应用型人才培养教材

高等职业教育测绘课程系列规划教材

控制测量实用教程

主　编　马　驰　　张　军　　郭　涛

副主编　胡良柏　　刘　攀　　司大刚

　　　　吴士夫　　孙艳崇　　于柏强

U0205564

西南交通大学出版社

·成　都·

内容简介

　　本书是为了适应当前高职高专测绘类专业教育的需要而编写的。全书共分七个项目，涵盖了控制测量工作的整个过程，其内容主要包括常规平面控制测量，卫星定位平面控制测量，高程控制测量，地面观测值归算至椭球面，椭球面上元素归算至高斯平面，控制测量的技术设计、总结及检查验收等。

　　本书可作为高职高专院校测绘类专业学生"控制测量"课程教材，也可供相关技术人员参考。

图书在版编目（ＣＩＰ）数据

控制测量实用教程／马驰，张军，郭涛主编. —成都：西南交通大学出版社，2015.2（2021.8 重印）
21 世纪应用型人才培养教材　高等职业教育测绘课程系列规划教材
ISBN 978-7-5643-3763-6

Ⅰ. ①控… Ⅱ. ①马… ②张… ③郭… Ⅲ. ①控制测量–高等职业教育–教材 Ⅳ. ①P221

中国版本图书馆 CIP 数据核字（2015）第 032307 号

21 世纪应用型人才培养教材
高等职业教育测绘课程系列规划教材

控制测量实用教程

主编　马 驰　张 军　郭 涛

责 任 编 辑	胡晗欣	
特 邀 编 辑	柳堰龙	
封 面 设 计	何东琳设计工作室	
出 版 发 行	西南交通大学出版社 （四川省成都市二环路北一段 111 号 西南交通大学创新大厦 21 楼）	
发 行 部 电 话	028-87600564　028-87600533	
邮 政 编 码	610031	
网 　 　 址	http://www.xnjdcbs.com	
印 　 　 刷	四川五洲彩印有限责任公司	
成 品 尺 寸	185 mm × 260 mm	
印 　 　 张	14	
字 　 　 数	322 千	
版 　 　 次	2015 年 2 月第 1 版	
印 　 　 次	2021 年 8 月第 3 次	
书 　 　 号	ISBN 978-7-5643-3763-6	
定 　 　 价	39.00 元	

课件咨询电话：028-81435775
图书如有印装质量问题　本社负责退换
版权所有　盗版必究　举报电话：028-87600562

前　言

　　本书是按照教育部《关于推进高等职业教育改革创新引领职业教育科学发展的若干意见》(教职成〔2011〕12号)文件精神,为配合高职高专教育教学改革,探索、开发与"工学结合"人才培养模式相适应的高职高专教育测绘类专业课程体系及高职项目教学法的实施要求进行编写的。

　　本书由校企双方共同编写,教材主编及编写人员具有丰富的企业一线生产经验。教材编写以项目为导向,突出一线控制测量岗位实际作业各项能力的培养,能够满足高职高专测绘类专业"控制测量"课程的"教中学,学中做"的需求,具有高职高专教材鲜明的"项目教学""任务驱动"的特点。

　　本书在编写过程中,充分考虑高职教育的特点,以淡化理论、突出实践技能的培养理念,在内容的选取方面删去了部分过时内容,增加了运用全球定位系统(GPS)进行控制测量的内容。测量过程的操作要求和精度指标均与现行的国家、行业规范相一致。为突出教材的实用性,本书介绍了目前测量平差的常用软件。本书可作为高职高专测绘类专业"控制测量"课程教材,也可供相关工程技术人员参考。

　　本书由马驰、张军、郭涛任主编,胡良柏、刘攀、司大刚、吴士夫、孙艳崇、于柏强任副主编。其中:郭涛(长江工程职业技术学院)编写项目一;马驰(辽宁省交通高等专科学校)编写项目二;张军(甘肃工业职业技术学院)编写项目三;胡良柏(甘肃工业职业技术学院)、司大刚(兰州资源环境职业技术学院)合编项目四;刘攀(甘肃建筑职业技术学院)编写项目五;吴士夫(长江水利委员会水文中游局)编写项目六;孙艳崇(辽宁省交通高等专科学校)编写项目七;附录部分由于柏强(中水东北勘测设计研究有限责任公司)编写。

　　本书在编写过程中查阅和参考了大量的文献资料,在此谨向有关作者表示衷心感谢。同时对西南交通大学出版社为本书所做的辛勤工作表示衷心感谢。由于作者水平有限,加之时间仓促,书中难免有疏漏和不足之处,恳请广大师生、同行专家和读者提出宝贵意见,以利于进一步修订完善。

编　者

2014 年 11 月

目　录

项目一 控制测量的基本知识

▰ 项目提要

本项目主要介绍了控制测量工作的基本知识，主要包括：控制测量的任务、作用及内容；控制网布设的基本形式；控制网布设的基本原则和方案；控制测量的基本过程以及控制测量的发展过程。

▰ 学习目标

知识目标：理解控制测量工作的整体概念；掌握控制网布设的基本形式及各自特点；理解国家控制网和工程控制网布设的原则与方案；熟知控制测量的基本工作过程；了解控制测量的发展过程。

▰ 关键内容

1. 重点

控制网布设的基本形式；控制测量的工作流程。

2. 难点

国家控制网与工程控制网的布设原则与方案。

任务一 控制测量的任务、作用及内容

控制测量是运用大地测量的基本理论，按测量任务所要求的精度，测定一系列地面标志（控制点）的平面位置和高程，建立控制网的工作。其中，测定水平位置的工作叫平面控制测量；测定控制点高程的工作叫高程控制测量。所以，控制测量是由平面控制测量和高程控制测量所组成的。控制测量实施过程中，通过对角度、距离及高差的测量，将控制点用一定的几何图形连接起来，称为控制网。相应地，控制网可分为平面控制网和高程控制网。

一、控制测量的任务

控制测量主要是为各种工程建设服务，为城乡建设、道路交通、国土测绘、城镇规划等提供基础控制。工程建设的过程大体可分为设计、施工、营运三个阶段，相应于这三个阶段的控制测量的具体任务体现在以下几个方面：

1. 在工程设计阶段建立用于测绘大比例尺地形图的测图控制网

各种比例尺地形图是工程勘测规划设计的依据。在这一阶段，设计人员要在大比例尺地形图上进行建筑物的设计与规划，以便指导下一步的施工过程。为此，在地形图测绘前，首先要建立起工程所涉及区域的必要精度的控制网，以保证所测大比例尺地形图的精度。

2. 在施工阶段建立施工控制网

施工阶段测量的主要任务是将图纸上设计好的建筑物测设到实地上去。对于不同的工程来说，施工测量的具体任务也不同。例如，隧道施工测量的主要任务是保证对向开挖的隧道能按照规定的精度贯通，并使各建筑物按照设计的位置修建；放样过程中，仪器所标出的方向、距离都是依据控制网和图纸上设计的建筑物计算出来的。因而在施工放样之前，需建立具有必要精度的施工控制网。

3. 在工程的运营管理阶段建立以监视建筑物变形为目的的变形监测控制网

变形监测控制网是进行建筑物变形观测的依据。由于在工程施工阶段改变了地面的原有状态，加之建筑物本身的重量将会引起地基及其周围地层的不均匀变化。此外，建筑物本身及其基础，也会由于地基的变化而产生变形。这种变形，如果超过了某一限度，就会影响建筑物的正常使用，严重的还会危及建筑物的安全。一些城市过度开采地下水也会引起市区大范围的地面沉降，从而造成危害。因此，在竣工后的运营阶段，需对大型建筑物或地表进行变形监测。为此需建立变形观测控制网。由于这种变形的数值一般都很小，为了能足够精确地测出它们，要求变形观测控制网具有较高的精度。

值得注意的是，以上三个阶段的划分界线并不是十分明确的。例如在施测阶段，有可能发现技术设计不符合实际，因而需局部的修改设计，这实际上又重新进行了设计与施测；同样，在控制网的使用阶段，由于包含了网的维护与补测，因而部分地重复前两个阶段的工作也时有发生。

二、控制测量的作用

综上所述，控制测量在工程建设的各个阶段，其基本任务都是建立控制网，用以精确确定控制点的位置。控制测量的主要作用表现在以下三个方面：

1. 控制网是进行各种测量工作的基础

控制网的建立是为了完成具体测量任务而进行的前期准备工作，为满足地形图测绘需要，建立测图控制网；为满足施工需要，建立施工控制网；为满足工程运营管理需要，建立变形监测控制网。

2. 控制网具有控制全局的作用

对测图控制网而言，控制网的作用是控制全局、保证所测的各幅地形图具有足够精度，能准确拼接成一个整体；对施工控制网而言，其作用是控制全局，保证各建筑物轴线之间的相互位置具有必要的精度，以满足设计与施工的精度要求。

3. 控制网具有限制测量误差的传递与积累的作用

建立控制网时所采用的分级布网、逐级控制的原则，就是从技术上考虑限制测量误差的传递与积累。

三、控制测量学的主要研究内容

控制测量工程与其他工程项目一样，也分为三个阶段，即设计阶段、施工阶段和使用阶段。各个阶段的基本内容为：

（1）在控制网的设计阶段，主要工作是对控制网的精度指标、技术流程、工程进度、质量控制等进行设计。

（2）控制网的施测。依据技术设计报告和文件，完成控制网的选点、埋石、外业观测和数据处理等工作。

（3）控制网的使用与维护。主要是对控制网成果进行有效管理，为工程建设项目的后续工作提供有用资料，并对控制网进行维护，必要时进行复测与补测等工作。

控制测量学在许多方面发挥着重要作用。可以说，地形图是一切经济建设规划和发展必需的基础性资料。为测制地形图，首先要布设全国范围内及局域性的测量控制网，为取得控制点的精确坐标，必须要建立合理的测量坐标系以及确定地球的形状、大小及重力场等参数。因此，控制测量学在国民经济建设和社会发展中发挥着决定性的基础保障作用。

任务二　控制网布设的基本形式

控制测量是由平面控制测量和高程控制测量组成的。平面控制测量是通过建立平面控制网，以确定地面点在地球椭球面上或某一投影平面上的位置；高程控制测量是通过建立高程控制网，以确定地面点的高程。控制网的布设，应从实际出发，根据实际情况与要求选择适宜的布设方案。

一、平面控制网的布设形式

现阶段，平面控制测量的主要形式有：卫星定位测量、导线测量和三角网测量。卫星定位测量是借助卫星发射的信号进行导航与定位，目前可用于卫星测量定位的系统包括：

美国的全球定位系统（Global Position System，GPS）；俄罗斯的 GLONASS 卫星定位系统；我国的北斗卫星导航系统（预计 2020 年卫星系统将覆盖全球范围）；欧盟委员会的 Galileo 卫星系统（系统于 2002 年开始启动发射计划）。

卫星定位测量技术以其精度高、速度快、全天候而著称，已被广泛应用于测绘领域。现阶段，首级平面控制网多采用卫星定位技术中的 GPS 网，加密网多采用导线网或 GPS 网，三角网多用于较大区域的首级控制，现已很少使用。

1. 三角网

20 上世纪 70 年代之前，三角测量是进行平面控制测量的主要方法。三角测量的体现形式就是三角网，网中的控制点称为三角点。在地面上选定一系列点位 1，2，…，使互相观测的两点通视，把它们按三角形的形式连接起来即构成三角网。三角网中的观测量是网中的全部（或大部分）方向值。根据方向值可算出任意两个方向之间的夹角。

由于这种方法主要使用经纬仪完成大量的野外观测工作，所以在电磁波测距仪问世以前的年代，三角网是布设各级控制网的主要形式。三角网的主要优点是：图形简单、网的精度较高、有较多的检核条件、易于发现观测中的粗差、便于计算等；缺点是：在平原地区或隐蔽地区易受障碍物的影响，布网困难大，有时不得不建造较高的觇标。

作为我国国家控制网的基本观测方法，在以前增发挥过重要的作用，目前在实际工作中，大范围控制测量都采用 GPS 静态测量，小范围一般采用导线测量，三角网测量方法极少使用。

2. 导线网

在局部较小范围内，特别是在城市街区、地下工程、GPS 接收机接收信号受限等隐蔽地区，用电磁波测距导线布设控制网的方法就变得切实可行。导线（网）的布设形式主要包括闭合导线、单一附合导线、支导线、导线网。与三角网相比，导线网具有以下优点：

（1）网中各点上的方向观测数较少，除结点外只有两个方向，因而受通视要求的限制较小，易于选点和降低觇标高度，甚至无须造标。

（2）导线网的图形非常灵活，选点时可根据具体情况随时改变。

（3）网中的边长都是直接测定的，因此边长的精度较均匀。

导线（网）的主要缺点表现在以下几个方面：

（1）导线网中的多余观测数较同样规模的三角网少，有时不易发现观测值中的粗差，因而可靠性相对较差。

（2）导线点控制的面积狭小。

由上述可见，导线（网）特别适合布设于障碍物较多的平坦地区或隐蔽地区。

3. GPS 网

20 世纪 90 年代，随着 GPS 定位技术在我国的引进，许多大、中城市勘测院及工程测量单位开始用 GPS 布设控制网。由于 GPS 测量精度高、测量速度快、经济省力、操作简便、全天候工作等诸多优点，其相对定位精度，在几十千米的范围内可达 1/1 000 000～2/100 000，可以满足《城市测量规范》对城市二、三、四等网的精度要求（二等最弱边相对精度 1/300 000），因此目前 GPS 测量已经占据平面控制测量绝对的主导地位。

然而，在高程方面，GPS 测得的高程是相对于椭球面的大地高，而水准测量求出的则是相对于大地水准面的高程，两者之差就是大地水准面差距 N。目前在大多数情况下，其 N 值难以精确决定，因此 GPS 暂时无法实现高等级的高程控制测量。

二、高程控制网的布设形式

高程控制网一般采用几何水准测量或三角高程导线的形式布设，近年来也有采用 GPS 高程测量技术布设的。当精度要求较高时，应采用几何水准网的形式，几何水准测量可以胜任各等级的高程控制测量中；当精度要求较低时，可采用三角高程导线测量或 GPS 高程测量形式。按现行的规范要求，三角高程测量和 GPS 高程测量可替代四等（及以下）水准测量。

（1）几何水准测量法

用水准仪配合水准标尺进行水准测量的方法称为几何水准测量法。用该方法建立起来的高程控制网称为水准网。直接用几何水准测量方法传递高程，可以取得很高的精度，它是建立全国性高程控制网、城市控制网等高精度高程控制网的主要方法。

根据分级布网的原则，将水准网分成四个等级。一等水准路线是高程控制的骨干，在此基础上布设的二等水准路线是高程控制的全面基础；在一、二等水准网的基础上加密三、四等水准路线，直接为地形测量和工程建设提供必要的高程控制。按国家水准测量规范规定，各等级水准路线一般都应构成闭合环线或附合于高级水准路线上。

（2）三角高程测量法

三角高程测量的基本原理，是根据测站点观测照准点的垂直角和两点间的距离（平距或斜距）来计算测站点与照准点之间的高差，进而求得地面点的高程。三角高程测量主要用于山区的高程控制和平面控制点的高程测定。近年来，经过研究已普遍认为电磁波测距三角高程测量可达到四等水准测量的精度，甚至有人认为可以代替三等水准测量。因而《城市测量规范》规定，根据仪器精度和经过技术设计认为能满足城市高程控制网的基本精度时，可用以代替相应等级的水准测量。

（3）GPS 高程测量

采用 GPS 测定正高或正常高，称为 GPS 水准。通常，通过 GPS 测出的是大地高，要确定点的正高或正常高，需要进行高程系统转换，即需确定大地水准面差距或高程异常。由此可以看出，GPS 水准实际上包括两方面内容：一方面是采用 GPS 方法确定大地高；另一方面是采用其他技术方法确定大地水准面差距或高程异常。如果大地水准面差距已知，就能够进行大地高与正高间的相互转换，但当其未知时，则需要设法确定大地水准面差距的数值。

三、控制网的质量指标

在控制网的设计阶段，质量标准是设计的依据和目的，同时又是评定网质量的指标。质量标准包括精度标准、可靠性标准、费用标准、可区分标准及灵敏度标准等。其中常用的主要是前 3 个标准。

（1）精度标准

网的精度标准以观测值仅存在随机误差为前提，使用坐标参数的方差-协方差阵 $\boldsymbol{D}_{xx}$ 或协因数阵 $\boldsymbol{Q}_{xx}$ 来度量，要求网中目标成果的精度应达到或高于预定的精度。

（2）可靠性标准

可靠性理论是以考虑观测值中不仅含有随机误差，还含有粗差为前提，并把粗差归入函数模型之中来评价网的质量。

网的可靠性，是指控制网能够发现观测值中存在的粗差和抵抗残存粗差对平差结果的影响的能力。

（3）费用标准

布设任何控制网都不可一味追求高精度和高可靠性而不考虑费用问题，尤其是在讲究经济效益的今天更是如此。网的优化设计，就是得出在费用最小（或不超过某一限度）的情况下使其他质量指标能满足要求的布网方案。

任务三　控制网的布设原则和方案

一、国家控制网的布设原则与方案

（一）国家平面控制网的布设

在一个国家范围内，按照国家统一颁布的标准、规范建立的统一坐标系统的平面控制网称国家平面控制网。我国现有国家平面控制网包括利用卫星导航定位系统建立的国家卫星大地测量网和利用传统的三角测量、导线测量及天文测量方法建立的国家天文大地网。

1. 布网原则

建立我国的国家平面控制网，必须全面考虑我国的实际情况，充分利用现有的技术、装备、理论以及实践经验，正确处理数据、质量、时间以及经费等之间的关系，拟定合理的原则与方案。根据建立国家平面控制网的目的与任务，综合考虑以上因素，建立国家平面控制网应遵守以下一些原则：

（1）分级布网、逐级控制

20 世纪 70 年代以前，建立国家平面控制网主要是采用三角测量的方法，在特殊困难的地方采用精密导线测量或其他适当的方法。由于我国幅员辽阔、地形复杂，不可能用最高精度和较大密度的控制网一次布满全国。为了适时地满足国家经济建设和国防建设用图的需要，根据主次缓急而采用分级布网、逐级控制的原则是十分必要的。即先以精度高而稀疏的一等三角锁尽可能沿经纬线方向纵横交叉地迅速布满全国，形成统一的骨干大地控制网，然后在一等锁环内逐级（或同时）布设二、三、四等控制网，以保证在特殊地区有足够的点密度。

（2）应有足够的精度

控制网的精度应根据需要和可能来确定。作为国家大地控制网骨干的一等控制网，应力求精度更高些才有利于为科学研究提供可靠的资料。

为了保证国家控制网的精度，必须对起算数据和观测元素的精度、网中图形角度的大小等，提出适当的要求和规定。这些要求和规定均列于《国家三角测量和精密导线测量规范》（以下简称《国家规范》）中。

（3）应有足够的密度

控制点的密度，主要根据测图方法及测图比例尺的大小而定。比如，用航测方法成图时，密度要求的经验数值见表 1-1，表中的数据主要是根据经验得出的。

表 1-1　各种比例尺航测成图时对平面控制点的密度要求

测图比例尺	每幅图要求点数	每个三角点控制面积	三角网平均边长	等级
1∶50 000	3	约 150 km²	13 km	二等
1∶25 000	2~3	约 50 km²	8 km	三等
1∶10 000	1	约 20 km²	2~6 km	四等

由于控制网的边长与点的密度有关，所以在布设控制网时，对点的密度要求是通过规定控制网的边长而体现出来的。对于三角网而言边长 s 与点的密度（每个点的控制面积）Q 之间的近似关系为 $s=1.07\sqrt{Q}$。将表 1-1 中的数据代入此式得出：

$$\left. \begin{aligned} s &= 1.07\sqrt{150} \approx 13 \text{ km} \\ s &= 1.07\sqrt{50} \approx 8 \text{ km} \\ s &= 1.07\sqrt{20} \approx 5 \text{ km} \end{aligned} \right\} \tag{1-1}$$

因此国家规范中规定，国家二、三等三角网的平均边长分别为 13 km 和 8 km。

（4）应有统一的规格

由于我国三角锁网的规模巨大，必须有大量的测量单位和作业人员分区同时进行作业，为此，必须由国家制定统一的大地测量法式和作业规范，作为建立全国统一技术规格的控制网的依据。

2. 布网方案

新中国成立后，根据国家平面控制网施测时的测绘技术水平，我国采用三角锁（网）作为平面控制的基本形式，只是在青藏高原等特殊困难的地区布设了一等导线。我国大地控制网的布设方案和精度要求如下：

1）一等三角锁布设方案

我国大地控制网的首级采用一等三角锁的形式。一等三角锁是国家大地控制网的骨干，其主要作用是控制二等以下各级三角测量，并为地球科学研究提供资料。

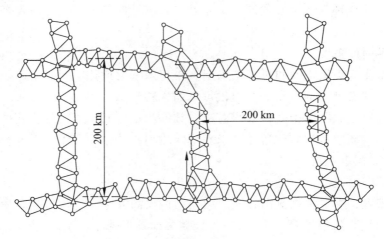

图 1-1　国家一等三角锁

一等三角锁尽可能沿经纬线方向布设成纵横交叉的网状图形，如图 1-1 所示。在一等锁交叉处设置起算边，以获得精确的起算边长，并可控制锁中边长误差的积累，起算边长度测定的相对中误差 $m_b/b < 1/350\,000$。多数起算边的长度是采用基线测量的方法获得的。随着电磁波测距技术的发展，后来少数起算边的测定已为电磁波测距法所代替。

一等锁在起算边两端点上精密测定了天文经纬度和天文方位角，作为起算方位角，用来控制锁、网中方位角误差的积累。一等天文点测定的精度是：纬度测定中误差 $m_\varphi \leqslant \pm 0.3''$，经度测定的中误差 $m_\lambda < \pm 0.02''$，天文方位角测定的中误差 $m_\alpha < \pm 0.5''$。

一等锁两起算边之间的锁段长度一般为 200 km 左右，锁段内的三角形个数一般为 16～17 个。角度观测的精度，按一锁段三角形闭合差计算所得的测角中误差应小于 ±0.7″。

一等锁一般采用单三角锁。根据地形条件，也可组成大地四边形或中点多边形，但对于不能显著提高精度的长对角线应尽量避免。一等锁的平均边长，山区一般约为 25 km，平原区一般约为 20 km。

2）二等三角锁（网）布设方案

二等三角网是在一等锁控制下布设的，它是国家三角网的全面基础，同时又是地形测图的基本控制。因此，必须兼顾精度和密度两个方面的要求。

20 世纪 60 年代以前，我国二等三角网曾采用二等基本锁和二等补充网的布置方案。即在一等锁环内，先布设沿经纬线纵横交叉的二等基本锁（见图 1-2），将一等锁环分为大致相等的 4 个区域。二等基本锁平均边长为 15～20 km；按三角形闭合差计算所得的测角中误差小于 ±1.2″。另在二等基本锁交叉处测量基线，精度为 1：200 000。

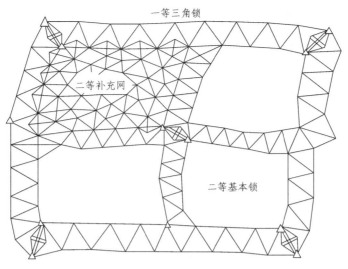

图 1-2　国家二等三角锁

在一等三角锁和二等基本锁控制下，布设平均边长约为 13 km 的二等补充网。按三角形闭合差计算所得的测角中误差小于 ±2.5″。

为了控制边长和角度误差的积累，以保证二等网的精度，在二等网中央处测定了起算边及其两端点的天文经纬度和方位角，测定的精度与一等点相同。当一等锁环过大时，还在二等网的适当位置，酌情加测了起算边。

二等网的平均边长为 13 km，由三角形闭合差计算所得的测角中误差小于 ±1.0″。

由二等锁和旧二等网的主要技术指标可见，这种网的精度远较二等全面网低。

3）三、四等三角网布设方案

三、四等三角网是在一、二等网控制下布设的，是为了加密控制点，以满足测图和工程建设的需要。三、四等点以高等级三角点为基础，尽可能采用插网方法布设，但也采用了插点方法布设，或越级布网。即在二等网内直接插入四等全面网，而不经过三等网的加密。

三等网的平均边长为 8 km，四等网的边长在 2 ~ 6 km 内变通。由三角形闭合差计算所得的测角中误差，三等为 ±1.8″，四等为 ±2.5″。

4）GPS 网布设方案

根据《全球定位系统（GPS）测量规范》的规定，GPS 控制网被分为 AA、A、B、C、D、E 六个级别，期中 A、B 级 GPS 控制网是我国现代大地测量和基础测绘的基本框架。建成后的国家 A 级网由 27 个主点和 6 个副点组成，它们均匀分布于全国范围内，平均点间距为 650 km。作为我国高精度坐标框架的补充以及为满足国家建设需要，在国家 A 级网的基础上建立国家 B 级网。B 级网中 GPS 控制点也均匀分布在全国范围内，共布设了 818 个点，平均边长在我国东部地区为 50 km，中部地区为 100 km，西部地区为 150 km。平差后的 A 级网点位精度已达到厘米级，边长相对精度达 3×10^{-9}。平差后的 B 级网点为精度

达 ± 0.1 m，边长相对精度达 3×10^{-8}。国家 A、B 级网以其特有的高精度把我国传统天文大地测量网进行了全面改善和提高，从而克服了传统天文大地网精度不均匀、系统误差较大等传统测量手段不可避免的缺点。求定 A、B 级 GPS 网与天文大地网之间的转换参数，建立地心参考框架和国家坐标的数学转换关系，从而使国家大地点的应用领域更为广阔。特别是利用 A、B 级 GPS 网高精度的三维大地坐标，并结合高精度水准测量成果，可以大大提高确定国家大地水准面的精度。

（二）国家高程控制网的布设

国家高程控制网是用水准测量方法布设的，其布设原则与平面控制网布设原则相同。根据分级布网、逐级控制的原则，将水准网分成四个等级。一等水准路线是高程控制的骨干，在此基础上布设的二等水准路线是高程控制的全面基础。在一、二等水准网的基础上加密三、四等水准路线，直接为地形测量和工程建设提供必要的高程控制。按国家水准测量规范规定，各等级水准路线一般都应构成闭合环线或附合于高级水准路线上。我国各级水准网布设的规格及精度见表 1-2。

表 1-2　各级水准网布设的规格及精度

等　　级		环线周长/km	附合路线长/km	M_Δ/mm	M_w/mm
一等	平原、丘陵	1 000 ~ 1 500		$\leq \pm 0.5$	$\leq \pm 1.0$
	山　　地	2 000			
二等		500 ~ 750		$\leq \pm 1.0$	$\leq \pm 2.0$
三等		300	200	$\leq \pm 3.0$	$\leq \pm 6.0$
四等			80	$\leq \pm 5.0$	$\leq \pm 10.0$

注：M_Δ——每千米水准测量高差中数的偶然中误差；
　　M_w——每千米水准测量高差中数的全中误差。

国家高程控制测量主要是用水准测量方法进行国家水准网的布测。国家水准网是全国范围内施测各种比例尺地形图和各类工程建设的高程控制基础，并为地球科学研究提供精确的高程资料，如研究地壳垂直形变的规律、各海洋平均海水面的高程变化以及其他有关地质和地貌的研究等。

国家水准网的布设也采用由高级到低级、从整体到局部，逐级控制、逐级加密的原则。国家水准网分 4 个等级布设，一、二等水准测量路线是国家的精密高程控制网。一等水准测量路线构成的一等水准网是国家高程控制网的骨干，同时也是研究地壳和地面垂直运动以及有关科学问题的主要依据，每隔 15 ~ 20 年沿相同的路线重复观测一次。构成一等水准网的环线周长根据不同地形的地区，一般在 1 000 ~ 2 000 km。在一等水准环内布设的二等水准网是国家高程控制的全面基础，其环线周长根据不同地形的地区在 500 ~ 750 km。一、二等水准测量统称为精密水准测量。

我国一等水准网由 289 条路线组成，其中 284 条路线构成 100 个闭合环，共计埋设各类标石近 2 万余座。

二等水准网在一等水准网的基础上布设。我国已有 1 138 条二等水准测量路线，总长为 13.7 万千米，构成 793 个二等环。

三、四等水准测量直接提供地形测图和各种工程建设所必需的高程控制点。三等水准测量路线一般可根据需要在高级水准网内加密，布设附合路线，并尽可能互相交叉，构成闭合环。单独的附合路线长度应不超过 200 km；环线周长应不超过 300 km。四等水准测量路线一般以附合路线布设于高级水准点之间，附合路线的长度应不超过 80 km。

二、工程控制网的布设原则与方案

（一）工程测量平面控制网

1. 布设原则

如前所述，工测控制网可分为两种：一种是在各项工程建设的规划设计阶段，为测绘大比例尺地形图和房地产管理测量而建立的控制网，叫做测图控制网；另一种是为工程建筑物的施工放样或变形观测等专门用途而建立的控制网，我们称其为专用控制网。建立这两种控制网时应遵守下列布网原则。

（1）分级布网、逐级控制

对于工测控制网，通常先布设精度要求最高的首级控制网，随后根据测图需要，测区面积的大小再加密若干级较低精度的控制网。用于工程建筑物放样的专用控制网，往往分二级布设。第一级作总体控制，第二级直接为建筑物放样而布设；用于变形观测或其他专门用途的控制网，通常无须分级。

（2）要有足够的精度

以工测控制网为例，一般要求最低一级控制网（四等网）的点位中误差能满足大比例尺 1：500 的测图要求。按图上 0.1 mm 的绘制精度计算，这相当于地面上的点位精度为 0.1 ×500＝5 cm。对于国家控制网而言，尽管观测精度很高，但由于边长比工测控制网长得多，待定点与起始点相距较远，因而点位中误差远大于工测控制网。

（3）要有足够的密度

不论是工测控制网或专用控制网，都要求在测区内有足够多的控制点。如前所述，控制点的密度通常是用边长来表示的。《城市测量规范》中对于城市三角网平均边长的规定列于表 1-3 中。

（4）要有统一的规格

为了使不同的工测部门施测的控制网能够互相利用、互相协调，也应制定统一的规范，如现行的《城市测量规范》和《工程测量规范》。

表 1-3 三角网的主要技术要求

等级	平均边长（km）	测角中误差（″）	起算边相对中误差	最弱边相对中误差
二等	9	±1.0	1/300 000	1/120 000
三等	5	±1.8	1/200 000（首级） 1/120 000（加密）	1/80 000
四等	2	±2.5	1/120 000（首级） 1/80 000（加密）	1/45 000
一级小三角	1	±5	1/40 000	1/20 000
二级小三角	0.5	±10	1/20 000	1/10 000

2. 布设方案

现以《城市测量规范》为例，将其中三角网的主要技术要求列于表 1-3，电磁波测距导线的主要技术要求列于表 1-4。从这些表中可以看出，工测三角网具有如下的特点：① 各等级三角网平均边长较相应等级的国家网边长显著地缩短。② 三角网的等级较多。③ 各等级控制网均可作为测区的首级控制。这是因为工程测量服务对象非常广泛，测区面积大的可达几千平方千米（例如大城市的控制网），小的只有几公顷（例如工厂的建厂测量），根据测区面积的大小，各个等级控制网均可作为测区的首级控制。④ 三、四等三角网起算边相对中误差，按首级网和加密网分别对待。对独立的首级三角网而言，起算边由电磁波测距求得，因此起算边的精度以电磁波测距所能达到的精度来考虑。对加密网而言，则要求上一级网最弱边的精度应能作为下一级网的起算边，这样有利于分级布网、逐级控制，而且也有利于采用测区内已有的国家网或其他单位已建成的控制网作为起算数据。以上这些特点主要是考虑到工测控制网应满足最大比例尺 1∶500 测图的要求而提出的。

表 1-4 电磁波测距导线的主要技术要求

等级	附合导线长度/km	平均边长/m	每边测距中误差/mm	测角中误差/″	导线全长相对闭合差
三等	15	3 000	±18	±1.5	1/60 000
四等	10	1 600	±18	±2.5	1/40 000
一级	3.6	300	±15	±5	1/14 000
二级	2.4	200	±15	±8	1/10 000
三级	1.5	120	±15	±12	1/6 000

此外，在我国目前测距仪使用较普遍的情况下，电磁波测距导线已上升至比较重要的地位。表 1-4 中电磁波测距导线共分 5 个等级，其中的三、四等导线与三、四等三角网属于同一个等级。这 5 个等级的导线均可作为某个测区的首级控制。

3. 专用控制网的布设特点

专用控制网是为工程建筑物的施工放样或变形观测等专门用途而建立的。由于专用控制网的用途非常明确，因此建网时应根据特定的要求进行控制网的技术设计。例如：桥梁三角网对于桥轴线方向的精度要求应高于其他方向的精度，以利于提高桥墩放样的精度；

隧道三角网则对垂直于直线隧道轴线方向的横向精度的要求高于其他方向的精度，以利于提高隧道贯通的精度；用于建设环形粒子加速器的专用控制网，其径向精度应高于其他方向的精度，以利于精确安装位于环形轨道上的磁块。以上这些问题将在工程测量中进一步介绍。

（二）工程测量高程控制网

对于工程测量的高程控制网的布设，《工程测量规范》将高程控制测量的精度分为二、三、四、五等。各等级高程控制宜采用水准测量的方式，四等及以下可采用电磁波测距三角高程测量或 GPS 高程测量。

首级高程控制网的等级，应根据工程规模、控制网的用途和精度要求合理选择。首级网应布设程环形网，加密网宜布设成附和路线或节点网。

测区的高程系统，宜采用 1985 国家高程基准。在已有高程控制网的地区测量时，可沿用原有的高程系统；当测区联测国家高程系统确有困难时，也可采用假定高程系统。

控制点间的距离，一般地区应为 1~3 km，工矿厂区、城镇居民区宜小于 1 km，但一个测区及周围至少应有三个高程控制点。

各等级水准测量的主要技术要求见表 1-5 所示。

表 1-5 各等级水准测量的主要技术要求

等级	每千米高差全中误差/mm	路线长度/km	水准仪型号	水准尺	往返较差、附和或环线闭合差/mm	
					平地	山地
二等	2		DS_1	因瓦	$4\sqrt{L}$	
三等	6	≤50	DS_1	因瓦	$12\sqrt{L}$	$4\sqrt{n}$
			DS_3	双面		
四等	10	≤16	DS_3	双面	$20\sqrt{L}$	$6\sqrt{n}$
五等	15		DS_3	单面	$30\sqrt{L}$	

注：① 节点之间或节点与高级点之间，其路线长度不应大于表中规定的 0.7 倍。
② L 为往返测段、附和或环线的水准路线长度，单位为 km；n 为测站数。
③ 数字水准测量的技术要求和同等级的光学水准仪相同。

电磁波测距三角高程测量主要用于山区的高程控制测量和平面控制点的高程测定，宜在平面控制点的基础上布设成三角高程网或高程导线。应指出的是，多年来的研究已证明，电磁波测距三角高程测量可达到四等水准测量的精度。

任务四 控制测量的工作流程

控制测量是为工程建设服务的，一项工程从前期的设计、中期的施工、后期的运营等都离不开控制测量工作。一项控制测量工程的工作流程大体分为以下 5 个部分：

1. 获取任务书

由工程承包方根据与发包方签订的工程合同向所属的项目组下达的控制测量任务书，任务书包含的内容可能是合同内容的全部，也可能是合同内容的部分，这是项目组完成控制测量工作的技术依据。

2. 编写技术设计书

项目组接到任务书后，应首先组织技术人员进行现场踏勘、收集相关资料、编写技术设计书。其中，技术设计书是控制测量的指导性文件，设计书应包括任务概述、测区自然地理概况、已有的测绘资料、执行的有关技术标准、坐标基准以及高程基准、详细的设计方案、人员与设备安排、进度预计、质量保证方案、上交资料、附图表等。

3. 完成控制测量的内外业工作

以技术设计书为作业依据，项目组完成控制测量工作的内外与外业。主要包括图上设计、实地选点、埋石、绘点之记、布设控制网、检校仪器、外业观测、内业计算、生成控制点成果表、整理所需上交的测量资料等，作业流程如图 1-3 所示。

根据图上设计进行野外实地选点，是把图上设计点位放到实地上去，或者说通过实地选点实现图上设计的目的。当然，在实地选点时根据实地情况改变原设计亦是常见的事。

为了长期保存点位和便于观测工作的开展，还应在所选的点上造标埋石。观测就是在野外采集确定点位的数据，其中包括大量的必要的观测数据，亦含有一定的多余观测数据。计算是根据观测数据通过一定方法计算出点的最合适位置。

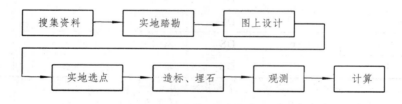

图 1-3　控制测量作业流程

4. 编写技术总结

根据技术设计书提出的技术要求，对控制测量内外业工作的完成情况以及遇到的问题、解决方法等情况进行全面总结。

5. 质量检查验收

按照"二级检查、一级验收"的制度，项目组对所承担的控制测量工程进行过程检查，上级单位质量管理部门进行最终检查，最后由业主单位组织验收或业主单位委托具有一定资质的质量检验机构进行质量验收。

任务五　控制测量的发展与展望

随着科学技术的发展，测绘科学技术也经历了一个从低级到高级、不断深化、不断创新和完善的发展过程，从而导致了测绘学科内容进一步丰富和新学科的形成。

控制测量的起源可以追溯到两千多年以前，因为受当时社会条件以及科学技术水平等因素的限制，只能从事一些与人们生产生活相关联的简单的测绘工作，测量仪器和方法还很原始和落后。

直到 18 世纪大工业革命时期，生产和技术水平均有了显著提高，也使测量仪器与方法得到不断改进。法国等一些国家先后开展了弧度测量，第一次在近代地球形状理论基础上导出了地球椭球模型，并取其子午圈弧长的四千万分之一作为长度单位，即国际长度单位记为 1 m，是世界上通用米制的起源。从 18 世纪开始，英、法、德、美、俄等国家先后完成了大量的三角测量工作，并进行了许多联测。

19 世纪和 20 世纪是测绘理论和技术空前发展的时期。

1806 年法国学者勒让德（Legendre）提出了最小二乘理论后，德国学者高斯（Gauss）应用这一原理处理天文大地测量成果，并由此产生了测量平差方法，一直应用至今。1882 年高斯还提出了由椭球面上的测量元素投影到平面上的正形投影法，该方法目前仍在广泛应用，具有很强的实用性。1864 年德国创建了卡尔·蔡司（Carl Zeiss）光学仪器厂，并开始生产光学经纬仪、水准仪等测量仪器。1897 年法国国际度量衡局用膨胀系数极小的镍铁钴合金制成了因瓦基线尺，使得丈量距离的精度和速度大为提高。1920 年威特（Wild）等人研制了第一台以精密机械结构为特色的光学经纬仪，1936 年威特又发明了对径重合读数法，开始生产先进的、至今仍在精密测角中使用的光学经纬仪。第二次世界大战结束后，瑞典物理学家贝尔格斯川（E.Bergstrand）与该国 AGA 公司合作，于 1948 年首次制造出大地测距仪，从根本上改变了精密距离测量的方法，开创了电磁波测距的先河。

我国近代控制测量工作实际上是从新中国成立后才系统开始的。1956 年我国成立国家测绘总局，随即颁发了大地测量法规和相应的规范细则。在全国范围内布测了总长度近 8 万千米的一等三角锁，在一等三角锁中布测了二等三角网，青藏高原布测电磁波测距导线。1982 年我国完成了一、二等锁网及部分三等网的整体平差工作，建立了 1980 西安坐标系，网中共 48 433 个大地控制点，共约 30 万个观测值参与平差。

此外，1991 年 8 月我国通过新测、复测或重测，将 93 360 km 的一等水准网、2 万多个水准点，136 368 km 二等水准网、33 000 多个水准点进行整体平差等数据处理，建立了 1985 国家高程基准。

目前可提供应用服务的国家各等级平面控制点包括三角点、导线点共 154 348 个，1985 国家高程基准系统的水准点成果 114 041 个。

进入 20 世纪 50 年代以后，控制测量的手段和技术日新月异，其主要表现在以下几个方面：

随着电磁波技术、电子测角技术、计算机技术的迅速发展，常规的测量技术正在向自动化、智能化、一体化、数字化、网络化、可视化等方向发展，其测量成果的精度越来越高，功能越来越强，适用性也越来越广。

全球定位系统（Global Positioning System，GPS）以其特有的自动化、全天候、高效益等优势，广泛地应用于控制测量以及其他测量方面；集卫星定位技术、计算机技术、通信技术、互联网等新技术为一体的 CORS 多基站连续运行的 GPS RTK 系统，已在我国许多地区开启，使常规的测量工作产生了根本性变革。自 20 世纪 80 年代我国引进 GPS 技术以来，陆续建成了国家高精度 GPS A、B 级控制网，全国 GPS 地壳运动监测网和中国地壳运动观测网，取得了大量宝贵的观测资料。国家测绘地理信息局、中国人民解放军总参谋部测绘宇航局和中国地震局自 2000 年开始，联合进行"全国天文大地网与 2000 国家 GPS 大地控制网联合平差"，建成了统一的、覆盖比较均匀的、高精度的国家 GPS 大地控制网，获得了我国 48 919 个天文大地网点高精度的地心坐标和各项精度评定，平均点位精度达到 ±0.11 m，解决了现阶段空间技术发展对地心坐标的迫切需求，对我国基础测绘具有重要意义。

我国正在研制和构建的北斗导航系统，计划到 2020 年全部建成由 5 颗空间定点卫星和 30 颗在轨运动卫星和多类型用户终端组成的，集定位、导航、授时为一体的卫星导航定位系统，该系统将在世界高科技领域发挥重要作用。

为了空间技术和经济建设的实际需要，国家已经完成了可靠程度更大、实用性更强、精度更高、理论更加严密的"2000 国家大地坐标系统"的定义和框架构建工作，进一步奠定了测绘生产以及地球科学研究的基础。

在工程控制测量和其他测量方面，测量新仪器、新技术的应用也越来越完善和普及，无论从精度方面还是从经济方面，都收到了很好的效果。

测绘事业的明天会更加辉煌与精彩。

项目小结

控制测量是指在一定区域内按照测量任务所要求的精度，测定一系列地面标志点（控制点）的水平位置和高程，建立控制网，并监测其随时间变化量的工作。本项目主要介绍了控制测量的一些基本知识，如控制测量的任务、作用与研究内容，控制网布设的形式及各自的优缺点，国家控制网的布网原则与布网方案，工程控制网的布网原则与布网方案，控制测量工作实施的过程，控制测量的发展过程等。通过理解、掌握这些基本知识，为后续学习提供知识准备。

思考与练习题

1. 什么是控制测量？控制测量的任务、作用是什么？
2. 控制测量工作的基本内容是什么？
3. 国家平面控制网与高程控制网的布设原则是什么？
4. 工程平面控制网与高程控制网的布设原则是什么？
5. 简述三角网、导线网、GPS 网的适用范围及其优、缺点。
6. 简述控制测量工作的基本流程。
7. 简述控制测量新技术发展的几个方面。

项目二　常规平面控制测量

■ 项目提要

本项目主要介绍常规平面控制测量作业的基本原理、方法、内容及工作过程，包括常规平面控制测量常用仪器的使用及外业观测的误差来源、影响规律及削弱（消除）的方法；常规平面控制测量的外业实施、内业计算的基本原理、方法和作业过程。

■ 学习目标

1. 知识目标

了解常规平面控制测量基本仪器的结构、性能及基本观测方法；知晓影响平面控制测量外业观测成果质量的误差来源及消除（削弱）误差的方法；掌握常规平面控制测量选点、埋石的方法及注意事项；了解常规平面控制测量仪器检校的方法；知晓电测波测距的基本原理、方法；掌握常规平面控制测量外业观测的方法、内容及注意事项；理解导线测量观测成果的概算与验算的内容、方法及过程。

2. 技能目标

能够熟练使用精密测角、测距仪器及控制测量数据处理软件；能够团队协作完成常规平面控制测量的外业实施、内业数据处理的工作，并获得合乎测量规范要求的平面控制测量成果。

3. 素质目标

培养按照测量规范对观测过程结果进行质量控制的意识和基本素养；培养协作分工与沟通交流的团队意识；养成认真细致、精益求精的工作作风。

■ 关键内容

1. 重点

精密经纬仪、电磁波测距仪（全站仪）的使用及测量方法；导线点的选点、埋石；导线测量的内业数据计算过程；利用常用的控制测量数据处理软件进行导线测量内业数据处理和平差计算。

2. 难点

电磁波测距仪的测距原理；影响水平角、距离观测成果质量的误差来源、影响规律及消除（削弱）方法；方向观测值及距离归算的原理。

任务一 精密测角仪器的认识与使用

在高等级控制测量中,精密测角仪器主要包括精密光学测角仪器和精密电子测角仪器,而精密电子测角仪器又分为精密电子经纬仪和高精度的全站仪。

按照精度等级的高低,我国光学经纬仪的系列标准型号见表 2-1。其中,"DJ"是"大地经纬仪"汉语拼音的第一个字母,通常也可把"D"去掉,其后面的数字表示经纬仪的精度指标,即水平方向观测一个测回的观测中误差。

表 2-1 光学经纬仪标准型号分类

仪器等级	DJ$_{07}$	DJ$_1$	DJ$_2$	DJ$_6$	DJ$_{30}$
测角标准偏差/($''$)	$m_\beta \leqslant 0.7$	$m_\beta \leqslant 1.0$	$m_\beta \leqslant 2.0$	$m_\beta \leqslant 6.0$	$m_\beta \leqslant 30$
主要用途	一等三角、天文测量	一、二等三角测量	三、四等三角测量	地形控制	普通测量

电子经纬仪和电子测距仪是全站仪的核心组成部分,按照国家计量检定规程的规定,它们的等级划分体现在全站仪的等级划分中,即:全站仪的等级与电子经纬仪和电子测距仪的等级是一致的,分级标准见表 2-2。

表 2-2 全站仪分级

仪器等级	测角标准偏差/($''$)	测距标准偏差/mm
I	$\|m_\beta\| \leqslant 1$	$\|m_D\| \leqslant 5$
II	$\|m_\beta\| \leqslant 2$	$\|m_D\| \leqslant 5$
III	$\|m_\beta\| \leqslant 6$	$5 < \|m_D\| \leqslant 10$
IV	$\|m_\beta\| \leqslant 10$	$\|m_D\| \leqslant 10$

注:测角标准偏差 m_β 实为一测回水平方向的标准偏差;m_D 为每千米测距标准偏差。

一、精密光学经纬仪

精密光学经纬仪的基本结构包括望远镜、读数系统、水准器、轴系等,下面分别介绍其结构特点及使用方法。

(一)精密光学经纬仪的基本结构(见图 2-1)

经纬仪的主要部件有:

望远镜——构成视准轴,在照准目标时形成视准线,以便精确照准目标。

照准部水准器——用来指示垂直轴的垂直状态,以形成水平面和垂直面。

垂直轴——作为仪器的旋转轴,测定角度时,应与测站铅垂线一致。

水平轴——作为望远镜俯仰的转轴,以便照准不同高度的目标。

水平度盘——用来在水平面上度量水平角,应与水平面平行。

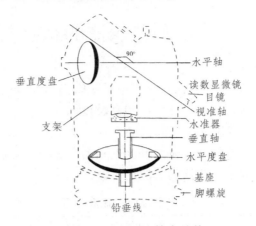

图 2-1　经纬仪的基本结构

垂直度盘——用来量度垂直角。

另外，为了精确读取度盘读数，在水平度盘和垂直度盘上均有测微器。

经纬仪的以上部件，除水平度盘以外，合称为经纬仪的照准部，照准部可以绕垂直轴旋转。

仪器的基座、水平度盘、垂直轴套和调平仪器的脚螺旋，是经纬仪的基础部分，叫做基座。

（二）经纬仪主要部件之间的相互关系

为了测得水平角和垂直角，经纬仪不仅要具有上述各种主要部件，而且，这些部件还应按下列关系结合成一个整体。

（1）垂直轴与照准部水准器轴正交。即当照准部水准气泡居中时，垂直轴与测站铅垂线一致。

（2）垂直轴与水平度盘正交且通过其中心。这样，当垂直轴与测站铅垂线一致时，水平度盘就与测站水平面平行，在其上面量取的角度，才是正确的水平角。

（3）水平轴与垂直轴正交，视准轴与水平轴正交，当垂直轴与测站铅垂线一致，俯仰望远镜，视准轴所形成的面才是垂直照准面。

（4）水平轴与垂直度盘正交，且通过其中心。满足此关系，当垂直轴与测站铅垂线一致，水平轴水平时，垂直度盘就平行于过测站的垂直照准面，在它上面量取的角度，才是正确的垂直角。

经纬仪各主要部件的上述关系，总的来说，就是三轴（垂直轴，水平轴，视准轴）两盘（水平度盘和垂直度盘）之间的关系，一旦它们之间的关系被破坏，就将给角度观测带来误差。

（三）精密经纬仪主要部件

1. 望远镜

经纬仪上的望远镜是一个精密的照准设备，由物镜、调焦透镜、十字丝分划板、目镜等光学元件组成。望远镜主要有两个作用：一是将不同距离的远方目标，通过成像，放大视角，以便更清晰地看到目标；二是用望远镜的视准轴精确照准目标，以确定目标的视准线方向。

来自目标的光线经过透镜折射成像，如图 2-2 所示。目标 AB 经物镜成像 $A'B'$，然后再经目镜成为放大的倒像 $a'b'$。

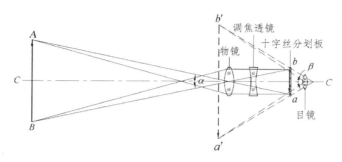

图 2-2　望远镜成像原理

为了能够照准目标，在望远镜内安装十字丝网，十字丝网的形状如图 2-3 所示。十字丝的竖丝应垂直，横丝应水平。观测水平角时，当目标恰被夹在竖丝中，就算照准了目标。这是测量望远镜与一般望远镜的区别。

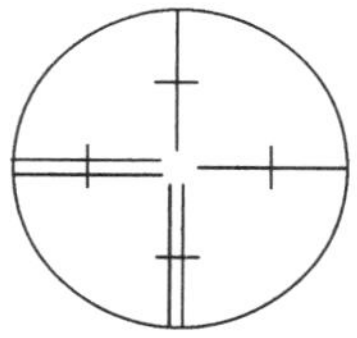

望远镜的正确使用包括以下三个步骤：

（1）目镜对光。将望远镜对准天空或明亮物体，转动目镜，使十字丝最清晰。

图 2-3　望远镜的十字丝

（2）物镜对光。将望远镜照准远处目标，转动调焦螺旋，使目标的像落在十字丝分划板上。此时，从目镜中可以同时清晰地看清十字丝和目标。

（3）消除视差。为了使目标恰好落在十字丝分划板上，需要消除视差。其方法为：先调整目镜使十字丝清晰，再调整调焦透镜，使目标清晰，反复调节，则视差被消除。

2．水准器

经纬仪上的水准器一般分为两种：圆水准仪和管水准器，水准器里面的液体一般为酒精或乙醚。

圆水准器的内部表面为一球面，其半径较小，所以圆水准的精度较低，只能用于仪器的概略整平。

管水准器又称水准管，其内壁为一个半径很大的圆弧面，精度较高，用于精确整平仪器。水准管外表面刻有间隔为 2 mm 的分划线，其中间点 O 称为水准器的零点，过零点的圆弧切线称为水准管轴（或管水准器轴）。

水准管的一个小分格所对的圆心角称为水准管的格值，以符号 τ'' 表示（见图 2-4）。其中，$\tau'' = 2 \times \rho'' / R$。不同仪器水准管的格值大小不同，而格值的大小直接反映了水准管的精度。

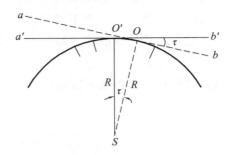

图 2-4　水准器格值

格值较小、灵敏度较高的水准管，对温度影响的反应较为敏感，所以在观测工作中要防止太阳等热源的影响。

3. 读数设备及读数方法

精密经纬仪的读数设备包括三部分：度盘、光学测微器、读数显微镜。

1）度　盘

度盘是量测角度的标准器件，其圆周刻着等间距的分划线，两相邻分划线间的角值称为度盘的格值。精密测角仪器度盘的直径一般为 75 ~ 160 mm，格值为 4′ ~ 20′。如威特 T2 经纬仪，在每度间隔内刻有三个分格，显然，其格值为 20′。由于水平度盘的周长有限，所以只有借助显微镜才能看清分划线。即使这样，也只能估读到 1/10 格值，这远不能满足精确测角的要求。因此，需要安置测微装置，以精确量取不足一格之值。

精密经纬仪有水平和垂直两个度盘。在水平与垂直度盘上，相差 180° 的度盘对径分划线通过各自的光学系统后都成像在同一个读数目镜的焦面上，由度盘影像变换螺旋控制，各自单独出现（见图 2-5）。大视窗中，上面是度盘正像分划，下面是度盘倒像分划。

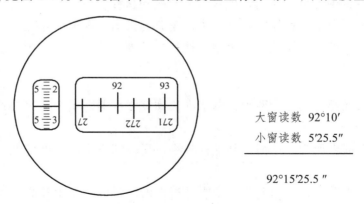

大窗读数 92°10′

小窗读数 5′25.5″
———————————
92°15′25.5″

图 2-5　JGJ$_2$ 型经纬仪读数视窗

2）光学测微器及测微原理

光学测微器按内部结构来分有双平行玻璃板式测微器和双光楔式测微器，其功能都是用来精确量取度盘不足一格之值。下面仅以双平行玻璃板式测微器为例说明测微器的测微原理。

双平板测微器主要由两块平行玻璃板、测微盘及其他部件构成（见图 2-6）。由几何光学知：当光线通过两个折射面互相平行的玻璃板时，方向不会产生变化，仅产生平行位移，其位移量与入射角有关。如图 2-7 所示，当光线垂直于平行玻璃板的折射面（即入射角为零）入射时，并不产生折射和平移。当光线有入射角 i（即不垂直于折射面）时，出射光线方向虽然不变，但其位置却平移了 Δh。入射角 i 改变时，平移量 Δh 也随之改变。对于一定厚度的平行玻璃板，当入射角 i 很小时，光线的平移量 Δh 与其入射角成正比，这就是平行玻璃板的特性，平移量与玻璃板厚度、入射角的关系见式（2-1）。

$$\Delta h = d\frac{n-1}{n}\tan i \qquad\qquad (2\text{-}1)$$

式中，n 为玻璃的折射率；d 为玻璃板的厚度；i 为光线的入射角。

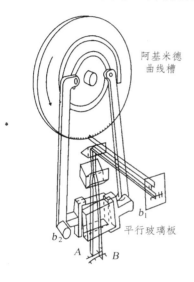

图 2-6　双平行玻璃板测微器

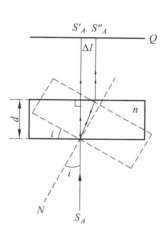

图 2-7　平行玻璃板倾斜使光线平移

对于双平行玻璃板测微器，当将两块平行玻璃板相对转动时（即一个顺时针转动，另一个逆时针转动），度盘对径两端分划也就做相对移动。如果将刻有分划的测微盘与转动平行玻璃板的机构连在一起，而且，当转动平行玻璃板使度盘分划线的像相对移动一格时（即各移动半格），测微盘正好从零分划转动到最末一个分划，根据这种关系，测微器就起到量度盘上不足一格的值的作用。

由于水平度盘和测微器存在着刻划误差，将给水平方向观测带来误差。解决的办法是进行多测回观测，且各测回对于零方向要配置不同的水平度盘位置和测微器位置。

3）读数显微镜

由于度盘的圆周有限，相邻分划线间距很小，如 J_2 经纬仪的水平度盘直径为 90 mm，格值为 20′，相邻分划线间距仅为 0.26 mm。为了增大最小格值相对于眼睛的视角，采用了读数显微镜装置。

4）读数方法

由测微器和度盘的作用可知，经纬仪照准目标以后，其读数就是度盘读数和测微器读数之和。现代精密光学经纬仪一般都采用对径分划重合读数法，即度盘上下两排相差180°的对径分划线同时成像，通过测微器使度盘对径分划线作相反移动，且移动量相等，并作精确重合，用测微盘量取对径分划像的相对移动量。当测微尺分划像移动全长时，上下两排分划影像恰好各移动半分格时，即相对移动了一分格。如果度盘格值为20′，对径分划影像移动半格，相对应于10′，测微尺的分划全长有600小格，于是测微尺的格值应为10′/600 = 1″。所以，J_2型经纬仪测微器可以精确读到1″，这种读数方法称为对径重合读数法。其基本步骤为：

① 先从读数窗中了解度盘和测微盘的刻度与注记，确定度盘的最小格值。

度盘对径最小分格值
$$G = \frac{1°}{2 \times 度盘上 1° 的总格数}$$

测微盘的格值
$$T = \frac{度盘对径最小分格值 G}{测微盘总格数}$$

② 转动测微螺旋，使度盘正倒像分划线精确重合。读取靠近度盘指标线左侧正像分划线的度数 $N°$。

③ 读取正像分划线 $N°$ 到其右侧对径180°的倒像分划线（即 $N° \pm 180°$）之间的分格数 n。

④ 读取测微盘上的读数 c，c 等于测微盘零分划线到测微盘指标线的总格数乘测微盘格值 T。

综上所述，可得如式（2-2）的读数公式：

$$M = N° + n \times G + c \qquad (2-2)$$

综合读数公式，举例进一步说明读数方法：

① 威特 T_2 经纬仪水平度盘读数方法，如图 2-8 所示。

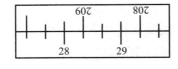

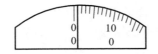

度盘读数：28°40′
测微器读数：00′01″

完整读数：28°40′01″

图 2-8　威特 T_2 经纬仪度盘读数

② 蔡司 010 经纬仪水平度盘读数方法，如图 2-9 所示。

③ 苏一光经纬仪水平度盘读数方法，如图 2-10 所示。

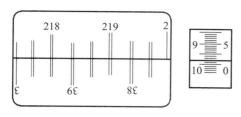

度盘读数：218°40′

测微器读数：09′58″

完整读数：218°49′58″

图 2-9　蔡司 010 经纬仪度盘读数

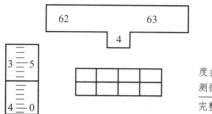

度盘读数：62°40′

测微器读数：03′54″

完整读数：62°43′54″

图 2-10　苏一光 J₂ 经纬仪度盘读数

④ TDJ₂ 经纬仪水平度盘读数方法，如图 2-11 所示。

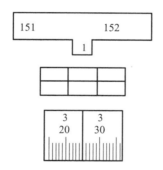

度盘读数：152°10′

测微器读数：03′55″

完整读数：151°13′25″

图 2-11　TDJ₂ 经纬仪度盘读数

4. 垂直度盘

　　垂直度盘的读数指标与指标水准器相连，当指标水准器气泡居中时，垂直度盘读数指标呈铅垂状态。正常情况下，当望远镜处于水平位置，指标水准器气泡居中时，无论任何注记形式的垂直度盘，无论盘左、盘右，读数指标所指的读数都是一个定值，应为 90° 的整倍数。由于垂直度盘与望远镜固连在一起，望远镜俯仰时可带动垂直度盘转动，而读数指标不随之变动，因此可读取不同的读数。根据望远镜照准目标与视线水平时的垂直度盘读数就可以得到照准目标的垂直角。

　　为了获得视线水平时的垂直度盘读数，除了借助指标水准器气泡居中确定读数指标在垂直度盘上的正确位置外，现代精密光学经纬仪常采用垂直度盘指标自动归零补偿器替代指标水准器，使垂直轴在有剩余倾斜的情况下，垂直度盘的读数得到自动补偿。这样既保证了垂直角的观测精度，又提高了作业效率，较指标水准器更为方便快捷。

5. 垂直轴系统

垂直轴轴系是保证仪器照准部运转稳定的重要部件。照准部旋转轴可在轴套内自由运转。仪器设计时，要求照准部旋转轴的轴线与水平度盘的刻划中心相一致，并且在照准部旋转过程中保持这种重合关系。因为照准部旋转轴的轴线一旦相对水平度盘产生偏移，必然会引起水平读数的误差，通常称照准部置中的偏差为照准部偏心差。

仪器在长期使用过程中将产生磨损与变形，当垂直轴与轴套之间空隙增大、润滑油黏度过大或分布不均、支承照准部荷载的滚珠形状和大小有较大差异时，不能起到良好的置中作用，从而使照准部不能灵活运转，产生倾斜和晃动，我们称这种现象为照准部旋转不正确。照准部旋转不正确会影响仪器整平，当照准部旋转到不同位置时，水准气泡会产生不同程度的偏移量。因此，可利用照准部旋转时水准气泡的偏移情况来检验照准部旋转是否正确。

6. 照准部的制微动机构

为了保证角度测量的精度，精密测角仪器要求望远镜有较高的照准精度，相应地要求照准部的制微动机构能迅速而准确地使仪器的照准部和望远镜安置在所要求的位置。由于支撑照准部支杆的反作用，弹簧长期处于受压状态，弹力减弱，当旋出水平微动螺旋后，微动螺杆顶端出现微小的空隙，不能及时推动照准部转动，从而给读数带来影响。为了消除或削弱由于弹簧失效而引起的微动螺旋不正确作用，使用微动螺旋精密照准目标时，最后的转动方向必须是旋进方向。

现代精密光学经纬仪的制动螺旋和微动螺旋已不采用分离设置，为了操作方便，将制动螺旋和微动螺旋设置在同一轴上，发展为同轴型双速制微动机构。

7. 基 座

仪器在使用过程中，脚螺旋的螺杆与螺母之间容易存在微小的空隙，或者由于弹性压板的连接螺丝松动致使脚螺旋下部尖端未密切安置在基座底板的槽内，当照准部旋转时，垂直轴与轴套间的摩擦力可能使脚螺旋在螺母内移动，从而带动基座位移。而水平度盘与基座是安置在一起的，基座的位移必然会给水平角观测带来系统性的误差。精密测角中，要求一测回内水平度盘应严格保持固定不动，因此，国家规范规定每期观测作业前，应进行由于照准部旋转而使仪器基座产生位移的检验。

（四）精密光学经纬仪的成像光路系统

图 2-12 所示为 TDJ$_2$ 型光学经纬仪的光学系统图。以水平度盘为例说明其成像光路系统的工作原理。光线由反光镜 1 进入仪器照亮水平度盘 5，经度盘上方 1∶1 的转向透镜组 6、8，使度盘对径两边分划线的影像汇合在视场中。再经过度盘物镜 10 使度盘对径分划线成像于光学测微器的读数窗中。光学测微器为双平行板玻璃 11，并与测微器分划秒盘（测微尺）15 连在一起，由测微尺在读数窗内的读数可以确定度盘对径分划影像的移动量。当光线照亮读数窗后，就可以通过读数显微镜 18、19，同时看到度盘对径分划像和测微尺分划像。

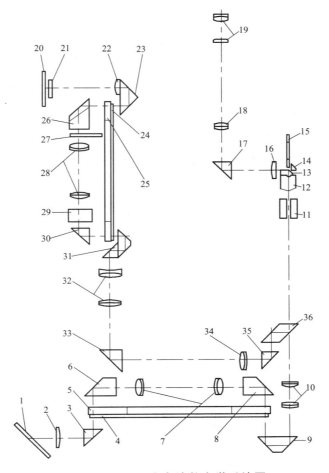

图 2-12 TDJ$_2$ 度盘读数光学系统图

1—反光镜；2—光窗透镜；3—水平盘照明棱镜；4—水平盘保护玻璃；5—水平盘；6—水平盘上像屋脊棱镜；
7—上像转向物镜；8—上像转向棱镜；9—水平盘照明棱镜；10—水平盘物镜；11—平盘玻璃；
12—折射符合棱镜；13—读数窗棱镜；14—秒盘照准棱镜；15—秒盘；16—场镜；
17—横轴棱镜；18—度盘转向物镜；19—读数目镜；20—反光镜；21—光窗透镜；
22—竖盘照明聚光镜；23—竖盘照明棱镜；24—竖盘保护玻璃；25—竖盘；
26—屋脊棱镜；27—平板玻璃；28—竖盘下像物镜；29—平板玻璃；
30—竖盘下像转向棱镜；31—竖盘照明棱镜；32—竖盘第一物镜；
33—竖盘转向棱镜；34—竖盘第二物镜；
35—竖盘第二转向棱镜；
36—换像棱镜

二、电子经纬仪

1. 电子测角的基本概念

目前，电子经纬仪和全站仪的测角部分均采用了电子测角系统，它们的主要功能是自动完成水平角和天顶距（竖直角）的观测。与传统的光学仪器测角方法相比，其科技含量大幅提高，省去了大量人工操作环节，工作效率和经济效益明显提高，同时也避免了人工操作、记录等过程中差错率较高的缺点。

电子经纬仪是由精密光学器件、机械器件、电子扫面度盘、电子传感器和微处理机等构成。在微处理机的控制下，按度盘位置数据信息，自动以数字形式显示方位值。

2. 电子测角系统的构成

电子经纬仪的测角系统分为水平角测量部分和垂直角测量部分。测角系统由一个光栅度盘（透光与不透光相间的刻划度盘）、与仪器基座固连在一起的固定红外发光管以及与其对应的红外光接收管、光电转换器、计数器、输入输出部分、数据总线等组成。

仪器中除电子测角系统外，还有与光学经纬仪相同的瞄准、调焦、制动与微动系统，光学系统，显示屏，操作键，通讯，存储等部件。电子经纬仪的支架、轴系与光学经纬仪类同。

3. 电子测角系统的基本原理

以光栅度盘的增量法作为电子测角的基本原理的电子测角系统，是电子经纬仪和全站仪中常见的测角系统。电子经纬仪的光学电子度盘是一个重要部件，在上面径向刻有许多均匀分布的透明和不透明等宽度、等间隔的栅线，刻划成辐射直线，从而形成了光栅度盘，如图 2-13（a）所示。

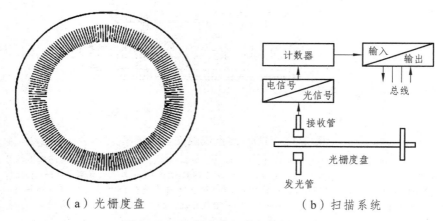

（a）光栅度盘 （b）扫描系统

图 2-13 光栅度盘、电子测角原理

电子经纬仪采用圆光栅度盘，线条为不透光区，缝隙为透光区。在光栅度盘上、下对应的位置上装有红外发光管和红外接收管，该装置可使光栅的透光和不透光信号转变成电信号。若将相对应的发光管和光电接收管与基座固定，则当光栅度盘随照准部旋转时，在光电接收管处就受到明暗交替成周期性变化的光信号。光电接收管光电效应，将交变的光信号转变成电信号了，经整形转变成矩形波，再经逻辑数字线路触发计数器，从而累计出与转动角度相对应的、扫描过的光栅度盘上的栅线数或格数。将格数与格值相乘即为测量所得的角度值。因为它是累计计算所以称这种系统的读数方法为增量法，如图 2-13（b）所示。

在扫描过程中所经过的格数并非正好是整数，对于不足一格的尾数就无法真实分辨，只能是近似处理。为了提高测角精度，必须解决不足一格，即微小读数的测量问题，也就是电子经纬仪测微的这个关键问题。

一般光栅的栅距都很小，但格值却很大。如拓普康 GTS-301D 全站仪的度盘直径为 71 mm，若度盘刻有 1 024 个分划，则其格值为：

$$g_0 = \frac{360°}{1024} = 21'05.625''$$

而相对应栅距为 $d = 0.22$ mm。如果要提高测角精度，应继续对格值做几百甚至上千等分。但细分栅距和扫描计数是很难准确实施的。

为了解决此问题，在光栅度盘增量法读数系统中采用了莫尔条纹技术，即将栅距放大，然后再进行细分和读数。

产生莫尔条纹的方法是：取一小块与光栅度盘具有相同密度和栅距的光栅，称之为指示光栅，若将指示光栅与光栅度盘以微小的间距重合起来，并使其刻线互成一微小的夹角 θ，这时就会出现放大的明暗交替的条纹，这些条纹称为莫尔条纹，栅距由 d 放大到 D，如图 2-14，2-15 所示，$D = d\cot\theta$。莫尔条纹是一种干涉现象产生的光学放大，当一个光栅盘相对于另一个光栅盘转动时，莫尔条纹沿着夹角 θ 平分线方向由里向外移动。光栅水平方向相对移动一个分划，莫尔条纹正好由里向外移动一个周期。

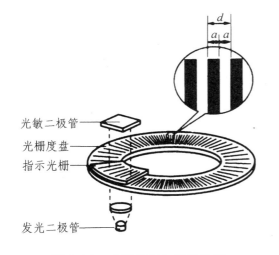

图 2-14　光栅度盘与指示光栅

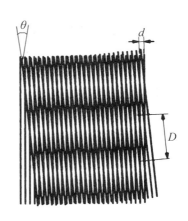

图 2-15　莫尔条纹

在图 2-14 中，下面为一光栅度盘，上面是一个与光栅度盘形成莫尔条纹的指示光栅。若发光二极管与指示光栅固定，当度盘随经纬仪照准部一起转动时，度盘每移动一条光栅，莫尔条纹就移动一个周期，通过莫尔条纹的光信号强度也变化一个周期。故在测角时经过光电管光信号的周数 N 就是两方向线之间的光栅数。由于两相邻光栅间的夹角及格值 g_0 是已知的，所以经过处理显示就可以得到两方向线之间的夹角。如果在光电转换整形为矩形波的一个周期内再均匀内插 n_0 个脉冲，可确定每一个脉冲所代表的微小角度值为：

$$\delta_0 = \frac{g_0}{n_0} \tag{2-3}$$

当 $n_0 = 1\ 266$，$\delta_0 = 1''$ 时，通过接收管及逻辑数字电路等部件可确定出不足整格值的尾数值相对应的脉冲数 n，则不足整格值得尾数就测出来了，从而解决了精确测定角度的问题。其角度值为：

$$L = N \cdot g_0 + n \cdot g_0 \qquad\qquad (2-4)$$

电子经纬仪中，垂直度盘与水平度盘的结构及测角原理是一致的。

值得注意的是，不同仪器生产厂家所生产的电子经纬仪（全站仪），其测角原理也不尽相同。例如，T2000 系列电子经纬仪采用绝对式光栅度盘扫描动态测角原理实现角度的量测。

将电子经纬仪、电子测距仪、电子记簿等组合在一起，在同一微处理器控制下，在测站上能同时自动测定和显示距离、水平角和垂直角，并能计算地面点的三维空间坐标。这种多功能、高效率的电子测量仪器称为全站型电子速测仪（全站仪）。目前单纯的电子经纬仪一般很少采用，而普及使用的是具有多功能的全站仪，它们都采用电子测角。

任务二　精密测角的误差来源及影响

角度的外业观测是利用测角仪器在复杂的野外条件下进行的。由于观测人员和仪器的局限性以及外界环境的影响，观测结果中存在误差。为使观测结果达到一定的精度，需要找出误差的规律，采取某些措施消除或削弱误差影响，以保证观测成果的精确度。

水平角在测量过程中受到的误差主要来源于以下三个方面：外界因素引起的误差、仪器误差以及观测过程中的人为误差。

一、外界因素对水平角观测的影响

由于外界作业环境的复杂性，大气温度、湿度、密度、太阳照射方位及地形、地物和地类分布等外界因素变化对测角精度的影响是不相同的，主要表现在以下几方面。

1. 大气状况对目标成像质量的影响

照准目标成像质量的好坏，直接影响角度测量的精度。精密测角中，要求目标成像稳定、清晰，大气层密度变化和大气透明度对目标成像质量有着显著影响。

（1）目标成像是否稳定主要取决于视线所通过的近地大气层密度的变化情况，也就是取决于太阳造成地面热辐射的强烈程度以及地形、地物和地类等的分布特征。如果大气密度均匀不变，大气层则保持平衡，目标成像质量稳定；如果大气密度变化剧烈，目标成像就会产生上下左右跳动。实际上大气密度始终存在着不同程度的变化，当太阳照射，引起大气分子温度变化，不同地类吸热、散热性能不同，近地大气存在温度差别，从而形成大气对流，影响目标成像的稳定性。

（2）目标成像是否清晰主要取决于大气的透明程度，也就是取决于大气中对光线起散射作用的尘埃、水蒸气等物质的多少，本质上也取决于太阳辐射的强烈程度。由于太阳辐射，强烈的空气水平气流和上升对流使地面尘埃上升，水域和植被地段的强烈升温产生大量水蒸气，尘埃和水蒸气对近地大气的透明度起着决定性作用。

为了获得稳定清晰的目标成像，应选择有利的观测时间段进行观测。一般晴天在日出、日落和中午前后，成像模糊或跳动剧烈，此时不应进行观测。阴天由于太阳的热辐射较小，大气温度和密度变化也较小，几乎全天都能获得清晰稳定的目标成像，所以全天的任何时间都有利于观测。

2. 水平折光的影响

光线通过密度不均匀的介质时，会发生连续折射，并向密度大的一方弯曲，形成一条曲线。如图 2-16 所示，来自目标 B 的光线进入望远镜时，望远镜所照准的方向并非理想的照准方向 AB 直线，而是 AB 弧线在望远镜 A 处的切线方向 AC，两个方向间有一微小的夹角 δ，称为微分折光。微分折光可分为纵向和水平两个分量，其中，由于大气密度在垂直方向上的变化引起的纵向分量比较大，是微分折光的主要部分。微分折光的水平分量影响着视线的水平方向，对精密测角的观测成果产生系统性质的误差影响。

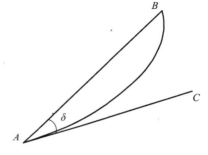

图 2-16　大气折光示意图

当太阳照射不同地类的地面时，由于吸热和散热性能的差异，近地面处空气密度发生变化，引起水平折光的不同。如图 2-17（a）所示，白天在太阳照射下，沙石地面升温快，密度小，水面空气升温慢，密度大。由 A 点观测 B 点时，视线凹向河流，即图 2-17（b）中 AC 方向；夜间由于沙石地面散热快，水面空气散热慢，温度变化情况与白天正好相反，因此，夜间观测 B 点时，视线凸向河流，即图 2-17（b）中 AD 方向。可见，取白天和夜间观测成果的平均值，可以有效地减弱水平折光的影响。

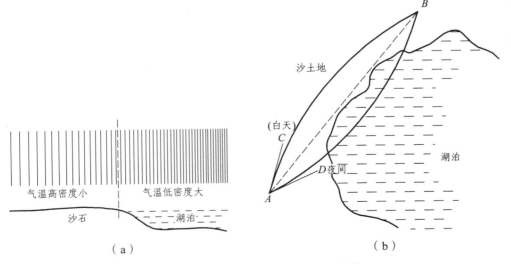

（a）　　　　　　　　　　　　（b）

图 2-17　白天和夜间的水平折光影响

不仅大气温度变化会影响水平折光，当视线通过某些实体附近也会产生局部性水平折光影响。例如视线通过岩石等实体附近时，由于岩石较空气吸热快、传热也快，其附近的气温升高、密度变小，从而使视线发生弯曲。并且，引起大气密度分布不均匀的地形、地物靠测站愈近，水平折光就愈大。

为了削减水平折光对精密测角的影响，选点时，视线应超越（或旁离）障碍物一定高度（或距离），避免从山坡、大河、湖泊、较大的城镇及工矿区的边沿通过，并应尽量避免视线通过高大建筑物、烟囱和电杆等实体的侧方。观测时，选择有利的观测时间，将整个观测工作分配在几个不同的时间段内进行。一般在有微风的时候或在阴天进行观测，可以减弱部分水平折光的影响。

3. 温度变化对视准轴的影响

观测时，由于空气温度变化，仪器各部分受热不均匀，产生微小的相对变形，使视准轴偏离正确位置，从而引起读数的不正确。视准轴误差表现在同一测回照准同一目标的盘左、盘右的读数差中，该差值为两倍视准轴误差，以 $2c$ 表示。

当没有由于仪器变形而引起的误差时，每个观测方向所得的 $2c$ 值与其真值之差表现出偶然性质。但当连续观测几个测回的过程中温度不断变化时，每个测回所得的 $2c$ 值互差表现出系统性质，并且与观测过程中的温度变化密切相关。

利用 $2c$ 值的上述性质，观测中可采用按时间对称排列的观测程序来削弱这种误差对观测结果的影响。假设在一测回的较短时间内，空气温度变化与时间成比例，则按时间对称排列的观测程序，上半测回依顺时针次序观测各目标，下半测回依逆时针次序观测各目标，并尽量使观测每一目标的时间间隔相近，当同一方向上、下半测回观测值取平均时，可以认为各目标是在同一平均时刻观测的，因而所取平均值受到相同的误差影响，在计算角度时可以大大削弱温度变化对视准轴影响而产生的误差。

4. 照准目标的相位差

当照准目标呈圆柱形时，如觇标的圆筒，在阳光的照射下，圆筒上会出现明亮和阴暗两部分，如图 2-18 所示。当背景较阴暗时，十字丝往往照准其较明亮部分的中线；当背景较明亮时，十字丝却照准其较阴暗部分的中线。这样，十字丝照准的实际位置并非照准目标的真正中心轴线，从而给观测结果带来误差，这种误差叫做相位差。

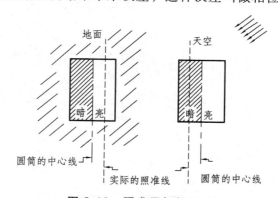

图 2-18 照准目标相位差

为了减弱相位差的影响，精密测角中一般采用反射光线较小的圆筒，如微相位照准圆筒。当阳光的照射方位发生变化时，相位差也会随之不同。由于上午和下午太阳分别位于两个对称位置，使照准目标的明亮与阴暗部分恰恰相反，则相位差的影响也正好相反，因此，每个测站最好在上午和下午各观测半数测回，在各测回平均值中可有效削弱相位差的影响。

5. 觇标内架或三脚架扭转的影响

在地面上观测时，仪器通常安放在三脚架上，在高标上观测时，仪器则安放在觇标内架的观测台上。当温度发生变化，如阳光照射，会使觇标内架或三脚架产生不均匀的胀缩，从而引起扭转。当觇标内架或三脚架发生扭转时，仪器基座和与之固连在一起的水平度盘也会随之发生变动，给水平方向观测带来误差影响。

假定在一测回的观测过程中，觇标内架或三脚架的扭转是匀速发生的，采用按时间对称排列的观测程序也可以减弱这种误差对水平角的影响。并且，要选择有利的观测时间，避免在日出、日落前后及温度、湿度有显著变化的时间段内观测。

二、仪器误差对测角精度的影响

仪器对测角的影响主要表现在两个方面：一方面是仪器主要轴线的几何关系不正确给测角带来的误差，如视准轴与水平轴不正交、水平轴与垂直轴不正交、竖直轴与仪器的铅垂线不一致等；另一方面为仪器的制造、校准、磨损等原因造成的机械结构误差，包括仪器的制造误差、校准误差和传动误差。

（一）仪器的几何结构误差

1. 视准轴误差

（1）视准轴误差产生原因

视准轴与水平轴不正交，视准轴偏离正确方向一个角度 c，所产生的误差称为视准轴误差，如图 2-19 所示。规定视准轴偏向垂直度盘一侧时 c 为正，反之为负。

视准轴误差产生的原因主要是由于望远镜十字丝分划板安置不正确，使望远镜的十字丝中心偏离了正确的位置，引起视准轴位置发生变化，此外，望远镜调焦透镜运行时晃动、外界温度变化，也会造成视准轴不与水平轴正交，从而产生视准轴误差。

（2）视准轴误差对水平方向观测值的影响

视准轴误差 c 对水平方向观测值的影响 Δc 为：

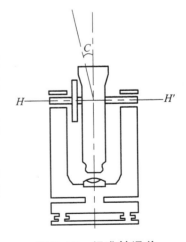

图 2-19　视准轴误差

$$\Delta c = \frac{c}{\cos \alpha}$$

（2-5）

式中，α 为观测目标的垂直角。可见，Δc 不仅与 c 有关，而且随观测目标的垂直角 α 的增大而增大。当 $\alpha = 0$ 时，$\Delta c = c$。

不难理解，盘左观测时，视准轴偏向垂直度盘一侧，使正确读数 L_0 较有视准轴误差影响的实际读数 L 小 Δc，即：

$$L_0 = L - \Delta c \qquad\qquad (2\text{-}6)$$

而以盘右观测同一目标时，视准轴又偏向盘左时的另一侧，这时的正确读数 R_0 较有视准轴误差影响的实际读数 R 大 Δc，即：

$$R_0 = R + \Delta c \qquad\qquad (2\text{-}7)$$

可见，视准轴误差对盘左、盘右水平方向观测值的影响，大小相等，符号相反。因此，盘左、盘右的实际读数取平均可以消除视准轴误差的影响。

不顾及盘左、盘右读数的常数差 180°，由（2-6）式和（2-7）式可得盘左、盘右读数差：

$$L - R = 2\Delta c \qquad\qquad (2\text{-}8)$$

当垂直角 α 很小时，由式（2-5）知，$\Delta c \approx c$，则式（2-8）可写为：

$$L - R = 2c \qquad\qquad (2\text{-}9)$$

当所观测方向的垂直角相等或相差很小，外界因素的影响又较稳定时，同一测回所得各方向的 $2c$ 应相等或互差很小，但实际往往并不相等。$2c$ 变动的主要原因是照准和读数等偶然误差的影响。因此，计算 $2c$ 并规定其变化范围可以作为判断观测质量的标准之一。国家规范规定，对于 J_1 型仪器，一测回中各方向 $2c$ 互差不得超过 9″；对于 J_2 型仪器，不得超过 13″。

2. 水平轴倾斜误差

（1）水平轴倾斜误差及其产生原因

水平轴与垂直轴不正交，使水平轴倾斜一个角度 i，所产生的误差称为水平轴倾斜误差。如图 2-20 所示，规定水平轴在垂直度盘一侧下倾时，i 为正，反之为负。

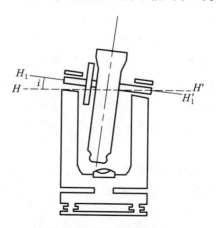

图 2-20　水平轴倾斜误差

水平轴倾斜误差产生的主要原因是仪器安装、调整时不完善，致使仪器水平轴左右两端支架不等高以及水平轴两端轴径不相等。

（2）水平轴倾斜误差对水平方向观测值的影响

水平轴倾斜误差 i 对水平方向观测值的影响 Δi 为：

$$\Delta i = i \tan \alpha \tag{2-10}$$

式中，α 为观测目标的垂直角。可见，Δi 不仅与 i 有关，而且随观测目标的垂直角 α 的增大而增大。当 $\alpha = 0$ 时，$\Delta i = 0$。

不难理解，盘左观测时，由于水平轴倾斜，使正确读数 L_0 较有水平轴倾斜误差影响的实际读数 L 小 Δi，即：

$$L_0 = L - \Delta i \tag{2-11}$$

而以盘右观测同一目标时，正确读数 R_0 较有水平轴倾斜误差影响的实际读数 R 大 Δi，即：

$$R_0 = R + \Delta i \tag{2-12}$$

可见，水平轴倾斜误差对盘左、盘右水平方向观测值的影响，大小相等，符号相反。因此，盘左、盘右的实际读数取平均可以消除水平轴倾斜误差的影响。

实际中，视准轴误差与水平轴倾斜误差是同时存在的，它们共同反映在盘左、盘右的读数差中，这时：

$$L - R = 2\Delta c + 2\Delta i \tag{2-13}$$

顾及（2-2）式和（2-7）式，有：

$$L - R = \frac{2c}{\cos \alpha} + 2i \tan \alpha \tag{2-14}$$

式（2-14）为（$L - R$）的严格形式。特殊情况下，当 $\alpha = 0$ 时，$L - R = 2c$。一般情况下，α 的增大，对（2-14）式中 $2i \tan \alpha$ 的影响较为显著。因此，在比较同一测回各方向的 $2c$ 互差时，不可忽略 $2i \tan \alpha$ 的影响，特别是当垂直角较大时，由于受水平轴倾斜误差的影响也较大，《国家规范》规定，对于垂直角超过 ±3° 的方向，该方向的 $2c$ 不与其它方向的 $2c$ 作比较，而应与该方向相邻测回的 $2c$ 进行比较。

3. 垂直轴倾斜误差

（1）垂直轴倾斜误差及其产生原因

当仪器视准轴与水平轴正交，水平轴与垂直轴也正交，仅由于仪器未能严格整平，垂直轴偏离测站铅垂线一个微小的角度 ν，称为垂直轴倾斜误差。如图 2-21 所示，OV 为与测站铅垂线一致的垂直轴位置，与之正交的水平轴为 HH_1，旋转照准部，水平轴 HH_1 所形成的平面呈水平状态，如阴影所示；当垂直轴偏离测站铅垂线一个微小的角度 ν 至 OV'' 时，水平轴也随之倾斜角度 ν 至 $H'H_1'$，相应的水平轴所形成的平面也倾斜角度 ν。这样，当望远镜绕水平轴俯仰时，不再形成垂直照准面，从而给水平方向观测带来误差。

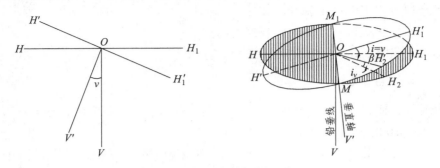

图 2-21　垂直轴倾斜误差

（2）垂直轴倾斜误差对水平方向观测值的影响

由图 2-21 可知，当照准部绕垂直轴旋转时，水平轴的倾斜量是不断变化的。当水平轴旋转至 $H'H'_1$ 位置时，有最大倾角 ν，再旋转 90° 至两面交线 MM_1 位置时，倾角为零。一般情况，当照准部旋转至任意位置时，由垂直轴倾斜 ν 角引起的水平轴倾斜 i_ν，对水平方向观测值的影响，根据（2-10）式可得：

$$\Delta\nu = i_\nu \tan\alpha \qquad\qquad (2\text{-}15)$$

如图 2-21 所示，在直角球面三角形 $MH_2H'_2$ 中，弧长 $MH'_2 = 90° - \beta$，弧长 $H_2H'_2 = i_\nu$，$\angle H'_2H_2M = 90°$，$\angle H'_2MH_2 = \angle H'_1OH_1 = \nu$，根据球面三角形的正弦定理，有：

$$\sin i_\nu = \sin\nu \sin(90° - \beta) = \sin\nu \cos\beta \qquad\qquad (2\text{-}16)$$

由于 i_ν 和 ν 均为小角度，式（2-16）可写成：

$$i_\nu = \nu\cos\beta \qquad\qquad (2\text{-}17)$$

代入（2-15）式，可得：

$$\Delta\nu = \nu\cos\beta\tan\alpha \qquad\qquad (2\text{-}18)$$

可见，垂直轴倾斜误差对水平方向观测值的影响，不仅与垂直轴倾斜的角度有关，而且随照准目标的方位和垂直角的不同而变化。

由于垂直轴倾斜的方向和大小，一般不随照准部的转动而变化，所引起的水平轴倾斜方向在望远镜倒转前后是相同的，因此，对任一观测方向的盘左、盘右观测值取中数不能消除垂直轴倾斜误差的影响。

为了削弱垂直轴倾斜误差对水平方向观测值的影响，观测时应采取以下措施：

① 每期作业前，对照准部水准器进行检查和校正，保证照准部水准器作用的正确。观测前应精确整平仪器，并在观测过程中随时检查照准部水准器气泡是否居中，若气泡偏离中央超出一格时，应停止观测，重新整平仪器。当观测目标垂直角较大时，尤其注意精平。

② 测回间重新整平仪器，使垂直轴倾斜误差对各测回观测值的影响带有偶然性，在各测回观测值的平均值中可消弱其影响。

（二）仪器的机械结构误差

仪器的机械结构误差主要包括：仪器的制造误差（如度盘和测微尺分划误差）、校准误差（如照准部和度盘的偏心误差）、传动误差（如照准部旋转时仪器底座位移而产生的误差、微动螺旋作用不正确）等。

1. 度盘的分划误差

角度的观测值是通过在度盘上的分划读数求得的，如果度盘分划线的位置不正确，将影响到测角的精度。

（1）度盘分划误差的种类

根据误差产生的原因和特性，度盘分划误差可分为三种：

① 分划偶然误差

度盘在用刻度机刻度的过程中，因外界偶然因素的影响，使刻度机在度盘上刻出的某些分划线时而偏左，时而偏右，没有明显的周期性规律，这种误差称为分划偶然误差。它的大小在 ±0.25″ 以下。这种误差只要在较多的度盘位置上进行观测读数，误差影响就可得到较好的抵偿。

② 度盘分划长周期误差

因为被刻度盘的旋转中心与刻度机的标准盘旋转中心不重合，被刻度盘与标准盘不平行，标准齿盘有误差等，使刻出的度盘分划线存在着一种以度盘全周为周期，有规律性变化的系统性误差，这种误差称为分划长周期误差。其大小可达 ±2″ 。这种误差的最重要特点是，在它的一个周期内，其数值一半为正，一半为负，总和为零。

③ 度盘分划短周期误差

因刻度机的扇形轮和涡轮有偏心差，扇形轮和涡轮有齿距误差，使刻出的度盘分划线产生一种以度盘一小段弧（约 30′ 至 1°）为周期，并在度盘全周上多次重复出现有规律变化的系统误差，这种误差称为分划短周期误差，其大小可达 ±1.0″ ~ ±1.2″。

（2）减弱度盘分划误差影响的方法

根据上述度盘分划误差的产生原因和基本特性可知，对于分划偶然误差，只要在度盘的多个位置上进行观测就可减弱；对于长周期误差，按其周期性的特点，将观测的各测回均匀地分布在一个周期内（即度盘的全周），取各测回观测值的中数，即可减弱或消除其影响。

应当指出，测微器分划也存在周期性系统误差，为了减弱它的影响，各测回观测的测微器位置，也要均匀地分配在测微器的全周上。

2. 照准部偏心差

仪器的水平度盘，不但要求其刻划准确精密，而且要求安装时应使度盘分划中心与照准部旋转中心一致。同时，还要求度盘分划中心与度盘旋转中心一致。即要求三心（照准部旋转中心、度盘分划中心及度盘旋转中心）一致。这个要求如不能满足，就将产生照准部偏心差和水平度盘偏心差。

（1）照准部偏心差的性质和影响

在水平角观测中，照准部绕垂直轴转动，若照准部旋转中心与水平度盘分划中心不一致，产生的误差叫照准偏心差。如图 2-22 所示，L 为水平度盘分划中心，V 是照准部旋转中心。两中心之间的距离 $|LV|=e$ 称为照准部偏心距。度盘零分划线 LO 与偏心距方向间的角度（$\angle OLP=P$）称为照准部偏心角。

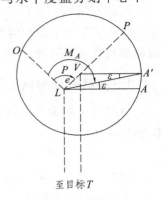

图 2-22　照准部偏心差

当 V 与 L 重合时，照准目标 T，测微器的读数为 A，即正确读数应为 $\angle OLA$；当有照准部偏心差时，照准目标 T，测微器的读数为 A'，即读数为 $\angle OLA'=M_A$。二者的读数之差，即是照准部偏心差对水平方向观测读数的影响。

在 $\Delta VA'L$ 中，$\angle VA'L=\varepsilon$，$\angle VLA'=M_A-P$，$|VL|=e$。因为偏心距很小，$VA'\approx LA\approx r$（r 为水平度盘半径）。

依正弦定理得：

$$\sin\varepsilon=\frac{e}{r}\sin(M_A-P)$$

由于 ε 角很小，上式可写成：

$$\varepsilon=\frac{e}{r}\rho''\sin(M_A-P)\qquad\qquad（2\text{-}19）$$

式（2-19）就是照准部偏心差对水平方向读数的影响的表达式。

由式可见，照准部偏心差的影响是以 2π 为周期的系统性误差。

（2）消除照准部偏心差影响的方法

如上所述，当存在照准部偏心差时，测微器 A 的水平度盘正确的读数 M，比实际读数 M_A 大 ε，即：

$$M=M_A+\varepsilon$$

如果在相距测微器 A 的 $180°$ 处再安装一个测微器 B，那么，测微器 B 在水平度盘上的实际读数应为：

$$M_B=M_A+180°$$

由式（2-19）可得照准部偏心差对测微器 A 和测微器 B 在水平度盘上的读数的影响分别为：

$$\varepsilon_A=\frac{e}{r}\rho''\sin(M_A-P)$$

$$\varepsilon_B=\frac{e}{r}\rho''\sin(M_B-P)=\frac{e}{r}\rho''\sin(M_A+180°-P)$$

$$=-\frac{e}{r}\rho''\sin(M_A-P)=-\varepsilon_A''$$

由此可以得出结论：相对 $180°$ 的两个测微器所得读数的平均值，可以消除照准部偏心差的影响。

对于采用重合法读数的光学经纬仪，由于光学测微器的特殊构造，可以直接得到 A、B 两个测微器读数的平均值（即正、倒像分划线重合读数）。因此，采取对径 $180°$ 分划线重合法读数，也可完全消除照准部偏心差的影响。

3. 水平度盘偏心差

前已提到，若水平度盘的旋转中心与其分划中心不重合，产生的偏心差称为水平度盘偏心差。

如图 2-23 所示，L 为水平度盘分划中心，R 为水平度盘旋转中心，$|LR| = e_1$ 为水平度盘偏心差，又称水平度盘偏心距；O 为水平度盘零分划，P_1 为 LR 的延长线与水平度盘相交的分划，零分划方向 LO 与偏心距方向 LR（即 LP_1）之间的角度 $P_1 = \angle OLP_1$，称为水平度盘偏心角。e_1，P_1 统称为水平度盘偏心元素。

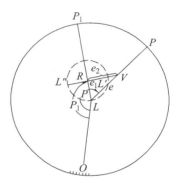

图 2-23 水平度盘偏心差

我们知道，在水平角观测过程中，要在整测回之间变换水平度盘以减弱度盘分划误差影响。当变换水平度盘时（照准部保持不动），度盘分划中心 L 将在以度盘旋转中心 R 为圆心，以 r_1（$|RL|$）为半径的圆周上移动。从而使照准部的偏心元素 e，P 随之变动——当 L 转至 RV 的连线 L' 上时，照准部偏心元素 e 的数值为最小（为 $|L'V| = e - e_1$）；当 L 转至 RV 的延长线 L'' 上时，照准部偏心元素 e 的数值最大（为 $|L''V| = e + e_1$），这个位置称为度盘最不利位置；在 L 转至其他位置时，偏心距 e 的数值介于最小和最大之间。由此可见，当存在水平度盘偏心差时，转动水平度盘后，它对观测方向读数的影响，是通过改变照准部偏心元素，并以照准部偏心差影响的形式表现出来，显然，消除其影响的方法亦是用度盘正、倒像分划重合法读数来实现。

4. 光学测微器行差及其测定

由光学测微器的测微原理可知，若开始时测微盘位于 0 秒分划，当转动测微轮使度盘的上下分划像各移动半格（即相对移动一格）时，测微盘应由 0 秒分划转到 n_0 秒分划。这里 n_0 为测微器理论测程，即度盘最小格值 G 的一半。例如，对于 J_{07}、J_1 型仪器，$n_0 = 120''$；对于 J_2 型仪器，$n_0 = 600''$。但实际上度盘分划像移动半格时，测微盘不一定恰好转动 n_0 秒，而是转动了 n 秒。n_0 与 n 之差称为测微器行差，以 r 表示之，即：

$$r = n_0 - n \tag{2-20}$$

（1）测微器行差产生原因和性质

如上所述，测微器行差是度盘分划像移动半格时，测微盘转动的理论格数 n_0 与测微盘实际转动格数 n 之差。这只是表现出来的现象。我们知道，在测微器读数窗中看到的度盘分划影像是由显微镜将度盘加以放大后形成的。如图 2-24 所示，AB 为度盘分划，经物镜在成像面上生成实像 A_1B_1，再经目镜在明视距离上形成放大的虚像 A_2B_2，即是在测微器目镜中看到的度盘分划影像。由几何光学可知，度盘分划像 A_1B_1 的宽窄，与显微镜物镜的位置有关：当物镜向下移动，即靠近度盘分划时，分划像 A_1B_1 变宽，使 $n_0 < n$，r 为负；当物镜向上移动，分划像 A_1B_1，将变窄，$n_0 > n$，r 为正。所以说，测微器行差实质是由于显微镜物镜位置不正确而产生的。另一方面，如果度盘对径分划经过的光路不正确，将使正像和倒像分划的宽窄不相等。这样，正像分划的行差 $r_{正}$ 与倒像分划的行差 $r_{倒}$ 也不相等。因此，《规范》规定应计算出 $r = \dfrac{1}{2}(r_{正} + r_{倒})$ 和 $\Delta r = r_{正} - r_{倒}$，r 和 $\triangle r$ 的绝对值，对 J_{07}、J_1 型仪器不应超过 $1''$；对于 J_2 型仪器不超过 $2''$。

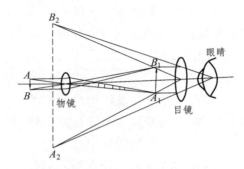

图 2-24 测微器行差与读数物镜离度盘的距离有关

造成物镜位置不正确的原因是安装和调整不正确及外界因素（如震动等）的影响。因此，当测微器行差超出上述规定时，就要由仪器修理人员调整测微器物镜的位置。

由上述的分析可以看出，测微器行差具有如下性质：

① 对于某一台仪器来说，它的测微器行差可能为正（即 $n_0 > n$），也可能为负（$n_0 < n$），是确定值。因此，对于某一台仪器来说，其行差是系统性误差，其影响在观测值中不能消除。

② 行差对观测读数的影响，随测微盘上读数的增大而增大，因为行差是代表测微盘 n_0 个分格的误差，那么测微盘一个分格的行差应为 $r_1 = r/n_0$。

若测微盘读数为 C，则 C 所含的行差为：

$$r_C = C \cdot r / n_0 \tag{2-21}$$

式（2-21）即为计算行差改正数的公式，代入不同仪器的 n_0 有：

J_{07}、J_1型仪器　　　$r_C = C \cdot r / 120''$
J_2型仪器　　　$r_C = C \cdot r / 600''$　　　　　　（2-22）

（2）行差的测定

既然行差是系统性误差，对观测读数的影响不能消除，就应该测定出行差的大小，采取必要的措施，将其影响限定在允许的范围内。因此，《国家规范》规定，光学经纬仪的行差应在每期业务开始前和结束后各测定一次；在作业过程中，每隔两个月还需测定一次。

由式（2-20）可知，n_0为已知，只要当度盘正、倒分划影像移动半格时，分别测出测微盘转动的格数$n_{正}$、$n_{倒}$，就可以求出行差。

如图 2-25 为读数窗里的对径分划像，记中间的正像分划线为 A，其左边的分划线为 B，与 A 对径 180° 的分划线为 A'，A' 右边的分划线为 C。由光学经纬仪的读数原理可知，正倒像分划像是相对移动的，且移动量相同。因此可按下述思路测定行差：以倒像 A' 为指标线，先让其与 A 分划重合，读取测微盘读数；再转动测微轮，使 A' 与 B 重合，并读取测微盘读数，两次读数之差即为 $n_{正}$。同样，以 A 为指标线，先后与 A' 与 C 重合，并读取测微盘读数，可算得 $n_{倒}$，这样：

$$\left.\begin{array}{l} r_{正} = n_0 - n_{正} \\ r_{倒} = n_0 - n_{倒} \end{array}\right\} \tag{2-23}$$

$$r = \frac{1}{2}(r_{正} + r_{倒}) \tag{2-24}$$

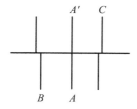
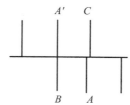
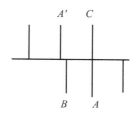

（a）测微器读数为 a　　　　（b）测微器读数为 b　　　　（c）测微器读数为 c

图 2-25　行差测定

按上述测定行差的基本方法，在每个度盘配置位置上，测定行差的操作方法是：

① 将测微盘零分划线对准指标线，用度盘变换钮变换度盘至要求的位置。

② 用水平微动螺旋使 A 分划线与对径的 A' 分划重合，如图 2-25（a）所示，然后转动测微轮使 A 与 A' 分划线精密重合，读取测微轮上的读数 a（若读数小于零时，读数作负数）。

③ 转动测微轮，以 A' 分划线为指标，使分划线 A' 与 B 分划线精密重合，如图 2-25（b）所示。读取测微盘上的读数 b（注意：实测时这里的 b 为实际读数减 n_0 之值）。

④ 以 A 分划线为指标，使 A 与 C 两分划线精密重合，如图 2-25（c）所示，读取测微盘上的读数 c，同样，这里的 c 为实际读数减 n_0 之值。

以上在读取 a、b、c 时，均应进行两次重合读数。

按上述测定结果，可算出行差值，由测定方法知：

$$\left\{\begin{array}{l} n_{正} = n_0 + b - a \\ n_{倒} = n_0 + c - a \end{array}\right.$$

将上式代入式（2-23），得：

$$n_{正} = n_0 - (n_0 + b - a) = a - b \atop n_{倒} = n_0 - (n_0 + c - a) = a - c$$

（2-25）

将各个度盘位置测得的（$a-b$）和（$a-c$）之值取平均值代入式（2-35），即可求得 $r''_{正}$ 和 $r''_{倒}$，进而求得 r'' 和（$r''_{正}-r''_{倒}$），作为行差最后测定结果。

5. 照准部旋转时仪器底座位移而产生的误差

仪器的水平度盘是与底座固定在一起的，如果在转动照准部时底座有带动现象，将使水平度盘与照准部一起转动，从而给水平方向观测带来系统误差。照准部转动时，仪器底座产生位移的原因是：由于支承仪器底座脚螺旋与螺孔之间常有空隙存在，当照准部转动时，垂直轴与轴套间的摩擦力可能使脚螺旋在螺孔内移动，因而使底座连同水平度盘产生微小的方位变动；垂直轴与轴套间的摩擦力，使底座产生弹性扭曲，从而带动底座和水平度盘、三脚架架头和脚架间的松动，使底座和水平度盘产生带动。

消除其影响的方法为：在一个测回中，上半测回顺时针转照准部观测各方向，下半测回逆时针转照准部观测各方向，则在同一个方向上的上、下半测回读数平均值中会有效地减弱这种误差的影响。

6. 脚螺旋的空隙带动

由于仪器脚螺旋与螺孔之间存在微小空隙，当转动照准部时，就带动基座使脚螺旋杆靠近螺孔壁的一侧，直到空隙完全消失为止。这样在观测过程中，基座连同水平度盘就产生微小的方位移动，使观测结果受到误差影响。这种微小的方位移动就叫做脚螺旋空隙带动。

显然，这种误差对在改变照准部旋转方向后照准的第一个目标影响最大，若保持照准部旋转方向不变，对以后各方向的观测结果的影响逐渐减小。减弱这种误差影响的方法是：在开始照准目标之前，先将照准部按预定旋转方向转动 1～2 周，再照准目标进行观测，以后，在一测回或半测回中，照准旋转方向始终不变。

7. 水平微动螺旋的隙动差

当水平微动螺旋弹簧弹性减弱或受油影响，旋退水平微动螺旋照准目标时，螺旋杆端就出现微小的空隙，在读数过程，弹簧才逐渐伸张而消除空隙，使视准轴离开目标，给读数带来误差，这就是水平微动螺旋的隙动差。

减弱其影响的方法是：照准每一目标，均需向"旋进"方向转动水平微动螺旋。所谓旋进方向就是压紧弹簧的方向。对于光学经纬仪来说，当水平微动螺旋旋进时，望远镜所指方向将向左移动，所以，在概略转动照准时，无论顺旋或逆旋，都要使目标在望远镜纵丝的左侧少许，在望远镜中观看，由于所见的是倒像，故目标应在纵丝的右侧少许，然后用水平微动螺旋旋进照准目标。另外，要尽量使用水平微动螺旋的中间部分。为做到这一点，每一测回开始前，应将微动螺旋旋到中间部位。

三、观测误差

观测误差包括照准误差和读数误差。

1. 照准误差

照准误差产生的原因较为复杂，但影响照准精度的主要因素是人眼的分辨能力、望远镜的光学性能及结构参数、目标的形状亮度以及背景情况、外界条件等。

2. 读数误差

应用光学测微器读数时的误差来源：一是判断度盘对径分划线是否重合误差；二是在测微尺上读取小数的误差。对于 J_2 型经纬仪来说，前者大于后者近 10 倍。故在读数时不必花费精力去估读测微尺分格的十分之一，影响读数精度的关键在于对径分划影像的重合精度。对于电子经纬仪来说不存在读数误差。

对于具有偶然性质的读数误差和照准误差，可以用多次观测的办法削弱其影响。

四、水平角观测操作的基本规则

水平角观测操作的基本规则，是根据各种误差对测角的影响规律制定出来的，实践证明，它对消除或减弱各种误差影响是行之有效的，应当自觉遵守。

（1）一测回中不得变动望远镜焦距。观测前要认真调整望远镜焦距，消除视差，一测回中不得变动焦距。转动望远镜时，不要握住调焦环，以免碰动焦距。其作用在于，避免因调焦透镜移动不正确而引起视准轴变化。

（2）在各测回中，应将起始方向的读数均匀分配在度盘和测微盘上。这是为了消除或减弱度盘、测微盘分划误差的影响。

（3）上、下半测回间纵转望远镜，使一测回的观测在盘左和盘右进行。

一般上半测回在盘左位置进行，下半测回在盘右位置进行。作用在于消除视准轴误差及水平轴倾斜误差的影响，并可获得 2 倍照准差的数值，借以判断观测质量。

（4）下半测回与上半测回照准目标的顺序相反，并保持对每一观测目标的操作时间大致相等。其作用在于减弱觇标内架或脚架扭转的影响以及视准轴随时间、温度变化的影响等，也就是说，在一测回观测中要连续均匀，不要由于某一目标成像不佳或其他原因而停留过久，在高标上观测更应注意此问题。

（5）半测回中照准部的旋转方向应保持不变。这样可以减弱度盘带动和空隙带动的误差影响。若照准部已转过所照准的目标，就应按转动方向再转一周，重新照准，不得反向转动照准部。因此，在上、下半测回观测之前，照准部要按将要转动的方向先转 1～2 周。

（6）测微螺旋、微动螺旋的最后操作应一律"旋进"，并使用其中间部位，以消除或减弱螺旋的隙动差影响。

（7）观测中，照准部水准器的气泡偏离中央不得超过《国家规范》规定的格数。其作用在于减弱垂直轴倾斜误差的影响。在测回与测回之间应查看气泡的位置是否超出规定，若超出，应立即重新整平仪器。若一测回中发现气泡偏离超出规定，应将该测回作废，待整平后，再重新观测该测回。

任务三　方向观测法观测水平角

用常规仪器进行平面控制测量，其主要工作就是测角和测距。对于测角而言，可以采用光学经纬仪、电子经纬仪或全站仪。平面控制测量的角度测量，通常都采用方向观测法。

一、方向观测法的概念

方向观测法是以两个以上的方向为一组，从初始方向开始，依次进行水平方向观测，正镜半测回和倒镜半测回，照准各方向目标并读数的方法。如图 2-26 所示，假设测站上有
1，2，3，…，n 个方向要观测，首先选择一边长适中、通视良好，成像清晰、稳定的方向作为观测的起始方向，如选定方向 1 作为零方向。上半测回采用盘左观测，先照准零方向 1，然后以顺时针方向转动照准部依次照准方向 2，3，…，n，为了检查观测过程中水平度盘是否有位移，最后要闭合到起始方向 1，称为归零。下半测回采用盘右观测，仍然先照准零方向 1，然后以逆时针方向转动照准部依次照准方向 n，…，3，2，1。由于上、下半测回观测均构成一个闭合圆，所以这种观测方法又称为全圆方向观测法。

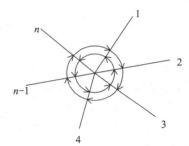

图 2-26　方向观测法

为了避免因调焦引起视准轴位置变动，精密测角一般规定一测回中不得重新调焦。但各方向的边长悬殊时，严格执行一测回中不得重新调焦的规定，会产生较大的视差从而影响照准精度。若仪器的调焦透镜经检验运行正确，则一测回中允许重新调焦，若调焦透镜运行不正确，则可考虑改变观测程序。照准一目标后，调焦，接连进行正倒镜观测，再照准下一个目标，重新调焦，进行正倒镜观测，依次完成所有方向的观测工作。同时，为了减弱与时间成比例均匀变化的误差影响，相邻测回应按相反的次序照准目标。如奇数测回按顺时针方向依次照准 1，2，3，…，n，1，则偶数测回应按逆时针方向依次照准 1，n，…，3，2，1，如此完成各测回的观测。

值得注意的是，当方向数不多于 3 个时，可不归零。

二、方向观测法的观测与记录

1. 配置度盘和测微器初始位置设置

为了减弱度盘分划误差和测微器分划误差等偶然误差对水平方向观测值的影响，提高

测角精度，观测时应有足够的测回数。方向观测法的观测测回数，是根据控制网的等级和所用仪器的类型确定的。方向观测时，光学经纬仪、编码式测角法和增量式测角法全站仪（或电子经纬仪），每测回零方向水平度盘和测微器的初始位置应按式（2-26）配置（全站仪或电子经纬仪不需进行度盘配置）。度盘和测微器位置变换计算公式：

$$\sigma = \frac{180°}{m}(j-1) + i(j-1) + \frac{\omega}{m}\left(j-\frac{1}{2}\right) \tag{2-26}$$

式中，σ 为度盘和测微器位置变换值（° ′ ″）；m 为基本测回数；j 为测回序号；i 为度盘最小间隔分划值（DJ_1 为 4′；DJ_2 为 10′）；w 为测微器分隔数（值）（DJ_1 为 60 格；DJ_2 为 600″）。

由于全站仪（电子经纬仪）没有单独的测微器，且不同厂家和不同型号的全站仪（电子经纬仪）度盘的分划格值、细分技术和细分数不同，故不做测微器配置的严格规定。对于普通工程测量项目，只要求按度数均匀配置度盘。有特殊要求的高精度项目，可根据仪器商所提供的仪器的技术参数按公式（2-26）进行配置，并事先编制度盘配置表。

根据上式编制的 DJ_2 经纬仪度盘位置表见表 2-3。

表 2-3　DJ_2 型经纬仪方向观测度盘位置编制表

测回数	12			9			6			3			2		
	°	′	″	°	′	″	°	′	″	°	′	″	°	′	″
1	0	00	25	0	00	33	0	00	50	0	01	40	0	02	30
2	15	11	15	20	11	40	30	12	30	60	15	00	90	17	30
3	30	22	05	40	22	47	60	24	10	120	28	20			
4	45	32	55	60	33	53	90	35	50						
5	60	43	45	80	45	00	120	47	30						
6	75	54	35	100	56	07	150	59	10						
7	90	05	25	120	07	13									
8	105	16	15	140	18	20									
9	120	27	05	160	29	27									
10	135	37	55												
11	150	48	45												
12	165	59	35												

2. 一测回的观测程序

（1）安置仪器后，进行盘左观测。将仪器照准零方向，按观测度盘表配置水平度盘和测微器。

（2）顺时针旋转照准部 1 至 2 周后精确照准零方向，进行水平度盘和测微器读数（重合对径分划线两次）。

（3）顺时针旋转照准部，依次精确照准 2，3，…，n 方向，最后闭合至零方向，按上述方法依次读数，完成上半测回。

（4）纵转望远镜，进行盘右观测。逆时针旋转照准部 1 至 2 周后精确照准零方向，读数。

（5）逆时针旋转照准部，按与上半测回相反的观测顺序依次观测 n，…，3，2 直至零方向，完成下半测回。

3. 记录与计算

进行方向观测时，为了削弱读数误差的影响，对每一照准目标均对经重合度盘分划线两次读数，当两次读数之差符合限差规定时，则取测微器两次读数的平均值。

半测回观测结束时，应检查归零差是否超过限差，归零差即零方向的起始照准和闭合照准的读数之差。

一测回观测结束后，计算各方向盘左、盘右的读数差，即 $2c$ 值，并检核一测回中各方向的 $2c$ 互差是否超限。若满足限差要求，则取各方向盘左、盘右读数的平均值作为该测回的方向观测值。

由于零方向有起始照准和闭合照准的两个方向值，一般取其平均值作为零方向的方向观测值，将零方向的方向观测值归零为 0°00′00.0″，其他各方向的方向观测值依次减去零方向的方向观测值即得归零后的各方向观测值。各测回归零后的同一方向观测值的互差称为测回互差，应小于规定的限差。

表 2-4 为三等三角测量水平方向观测手簿的记录与计算示例。

表 2-4 水平方向观测手簿

第 I 测回　仪器：北光 J2　　点名：通云山　等级：三　　　　日期：×月×日
天气：晴，东风二级　　　　　　　　　　　　　　　　　　　开始：×时×分
成像：清晰　　　　　　　　　　　　　　　　　　　　　　　结束：×时×分

方向号数名称及照准目标		读　数						左－右 2c	左+右 / 2	方向值			附注
		盘　左			盘　右								
		°	′	″	″	°	′	″	″	″	°	′	″	°	′	″	
1	小山	0	00	33	34	180	00	37	37	－03	（35.2）	0	00	00.0	
	T			34				37			35.5				
2	陈庄	60	11	10	10	240	11	13	14	－04	12.0	60	10	36.8	
	T			10				15							
3	大镇	131	49	32	32	311	49	38	38	－06	35.0	131	48	59.8	
	T			31				39							
4	岭西	217	34	51	50	37	34	53	54	－04	52.0	217	34	16.8	
	T			49				55							
1	小山	0	00	35	34	180	00	37	36	－02	35.0				
	T			34				35							

归零差：$\Delta_左 = 0''$　　$\Delta_右 = -1''$

需强调的是，观测过程中一切原始观测数据和记事项目，必须做到记录真实，注记明确，格式统一，书写端正，字迹清楚整齐，整饰清洁美观，手簿中记录的任何数据不得有涂改、擦改、转抄现象。

4. 测站检核与限差规定

由于误差的影响，使测站上的观测成果与其理论值存在一定程度的差异。为了保证观测成果的精度，根据误差传播规律和大量实验验证，对其差异规定一个界限，称为限差。测站限差是根据不同的仪器类型制定的，它是检核和保证测角成果精度的重要指标，《工程

测量规范》对方向观测法中的各项限差规定如表 2-5 所示。

表 2-5 水平角方向观测法的技术要求

等 级	仪器型号	光学测微器两次重合读数之差 / （″）	半测回归零差 / （″）	一测回内 2c 互差 / （″）	同一方向值各测回较差 / （″）
四等及以上	1″ 级仪器	1	6	9	6
	2″ 级仪器	3	8	13	9
一级及以下	2″ 级仪器		12	18	12
	6″ 级仪器		18		24

注：① 全站仪、电子经纬仪水平角观测时不受光学测微器两次重合读数之差指标的限制；
② 当观测方向的垂直角超过±3°的范围时，该方向 2c 互差可按相邻测回同方向进行比较，其值应满足表中一测回内 2c 互差的限值；
③ 观测的方向数不多于 3 个时，可不归零。

为了保证观测成果的质量，对各项限差应认真检核，凡是超过限差规定的成果都必须予以重测。出现超限情况，可能由于观测条件不佳、操作不慎，存在系统误差和粗差，判断重测对象时，应结合当时当地的实际情况客观分析，正确判断。一测站的重测和数据取舍应遵循下列原则：

（1）凡超出规定限差的结果，均应重测。重测应在基本测回（即规定的全部测回）完成并对成果综合分析后再进行。因对错度盘、测错方向、读记错误、碰动仪器、气泡偏移过大、上半测回归零差超限或因中途发现观测条件不佳等原因而放弃的测回，可以立即重测，不记重测方向测回数。

（2）2c 互差或各测回互差超限时，应重测超限方向并联测零方向。因测回互差超限重测时，除明显孤值外，原则上应重测观测结果中最大和最小值的测回。

（3）零方向的 2c 互差或下半测回的归零差超限，该测回应重测。方向观测法一测回中，重测方向数超过测站方向总数的 1/3 时（包括观测 3 个方向时，有一个方向重测），该测回应重测。

（4）采用方向观测法时，每站基本测回重测的方向测回数，不应超过全部方向测回总数的 1/3，否则该站所有测回重测。

方向观测法重测数的计算方法是，在基本测回观测结果中，重测一个方向算作一个方向测回，一个测回中有 2 个方向需重测，算作 2 个方向测回；因零方向超限而重测的整个测回算作（n－1）个方向测回。每站全部方向测回总数按（n－1）m 计算，其中，n 为该站方向总数，m 为基本测回数。

设某测站上的方向数 n = 6，基本测回数 m = 9，则测站上的方向测回总数（n－1）m = 45，该测站重测方向测回数应小于 15。

（5）重测与基本测回结果不取中数，每一测回只取一个符合限差的结果。

5. 测站平差与精度评定

由于受各种误差的影响，一份合格的方向观测成果中，各方向不同测回的归零方向值也可能不完全相等，为了获得观测成果的最可靠值，需要进行测站平差。根据误差传播定律得出，各测回归零后方向值的平均值即各测回方向的测站平差值。

$$某一方向的平均方向值 = \frac{该方向各测回观测值之和}{测回数} \qquad (2\text{-}27)$$

测站平差计算步骤：

（1）按表 2-6 的格式，从观测手簿中抄取所有观测方向的各测回方向值（超限的基本测回观测结果也抄入相应位置，并划去，表示不予采用）。

表 2-6　水平方向观测记录簿

呼包区三等三角点　　　包头西（11431）点水平方向观测记录　　　　　　1988 年

手簿编号：No.011　　　所在图幅（1：10 万）：11-42-144　　　觇标类型：8 m 钢标

仪器：T2　No.24012　　仪器距标石面高：9.05 m　　观测者：张磊　记录者：李明

方向号数	方向名称	测站平差后方向值 °　′　″	（c+γ）归零	加归心改正后方向值	备注
1	小山	0　00　00.0			一测回方向值中误差 $\mu =$
2	陈庄	59　15　13.2			$\pm 0.83''$
3	大镇	141　44　44.9			m 个测回方向值中误差 M
4	岭西	228　37　24.9			$= \pm 0.28''$
5	小山	297　07　05.7			

观测日期	测回号	1 小山 T （°　′） 0　00	v	2 陈庄 T （°　′） 59　15	v	3 大镇 T （°　′） 141　44	v	4 黄旗 T （°　′） 228　37	v	5 岭西 T （°　′） 297　07	v
8.6	1	00.0		14.0	-0.8	（48.5）		25.1	-0.2	06.9	-1.2
	2	00.0		12.5	+0.7	46.0	-1.1	25.0	-0.1	05.9	-0.2
	3	00.0		11.6	+1.6	45.0	-0.1	23.4	+1.5	04.7	+1.0
	4	00.0		11.4	+1.8	46.3	-1.4	26.0		05.3	+0.4
	5	（00.0）		（09.2）		（41.8）		（23.0）	-1.1	（00.8）	
	6	00.0		15.0	-1.8	43.1	+1.8	24.1		04.7	+1.0
	7	00.0		（17.1）		44.0	+0.9	26.2	+0.8	06.6	-2.9
	8	00.0		13.0	+0.2	44.5	+0.4	放弃	-1.3	06.7	-1.0
	9	00.0		14.8	-1.6	45.2	-0.3	24.8		05.5	+0.2
	重 1	00.0		13.2	0.0	44.7	+0.2	24.4	+0.1	04.9	+0.8
	重 5	00.0				45.6	-0.7		+0.5		
	重 7	00.0		12.9	+0.3						
	重 8	00.0						25.3	-0.4		
中数				13.2		44.9		24.9			
$\sum \lvert v \rvert_i$				8.8		6.9		6.0		6.7	

注：① 括弧中的成果不采用。

　　② 一测回方向值的中误差 $\mu = k \sum \lvert v \rvert / n = \pm 0.83''$，$\sum \lvert v \rvert = 28.4$，$m = 9$，$k = 0.147$，$n$ 为方向数。

　　③ m 测回方向值中数中误差 $M = \mu / \sqrt{m} = \pm 0.28''$，$k = 1.25 / \sqrt{m(m-1)}$，$m$ 为测回数。

（2）按表 2-6 格式计算所有方向的平差方向值，取至 0.1″。

（3）计算出各测回观测值与其平差值之差，已入"v"栏内。

（4）求出各个方向的 v 值的绝对值之和 $\sum |v|$。

（5）求出各个方向的 $\sum |v|_i$ 之和 $\sum |v|$。

（6）按公式 $k = \dfrac{1.25}{\sqrt{m(m-1)}}$ 求出 k 值，式中 m 为本测站的测回数。

（7）按公式 $u = k\dfrac{\sum |v|}{n}$ 求出一测回方向值的中误差 u，式中 n 为本测站的观方向数。

（8）按公式 $M = \dfrac{u}{\sqrt{m}}$ 求出平差方向值中数的中误差 M。

任务四　精密测距仪器及距离测量

在各种测量工作中，距离测量占据着极其重要的地位。传统的距离测量通常有直接法测距和间法接测距。

直接法测距就是采用已知长度刻划的测尺、测规等量测工具与被测距离进行直接比对。在 1961 年前，我国天文大地网的所有基线或起始边长几乎都是用 24 m 因瓦基线尺测定的。在工程测量中有时还用皮尺或钢尺进行距离测量。传统的直接法距离测量，其优点是测量过程直观，测量设备相对简单，也能达到较高的测量精度（因瓦基线尺的测距精度可高于 1/100 万）。其缺点也比较突出：一是测尺的测程较短，一般的钢尺长度为 30 m 或 50 m，超过一整尺长的距离需要多次串尺测量；二是在跨越山沟、河谷方面，显得困难重重，甚至无能为力；三是劳动强度大，效率低下。

为了克服直接法测距在野外测量中的缺陷，人们一直设法寻求新的测距手段。如视差法测距，其主要特点是把长度基准 L 平置于被测距离的端点上，且与视线垂直，通过测量长度基准端点间的水平角来间接计算被测距离。总的来说这种测量方法测程还是有限（一般为几百米），精度也不高（约为万分之一）。

间接法测距为以后的距离测量提示了一个思路，即首先获得一个比较容易测定且含有距离信息的间接量，然后按一定的方法再求得距离。采用电磁波信号进行距离测量就是测定电磁波信号在被测距离上的传播时间，间接求得被测距离。

一、电磁波测距原理

1. 电磁波测距的基本原理

电测波测距是通过测定电磁波波束在待测距离上往返传播的时间来确定待测距离的。

如图 2-27 所示，欲测量 A，B 两点间的距离 D，在 A 点安置电磁波测距仪，在 B 点设置反射棱镜，测距仪发出的电磁波信号经反射棱镜反射，又回到测距仪主机。如果测定电磁波信号在 A，B 往返之间传播的时间 t，则距离 D 可按式（2-28）计算：

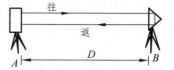

$$D = \frac{1}{2}C \cdot t \qquad\qquad （2-28）$$

图 2-27　电测波测距基本方法

式中，C 为电磁波在大气中的传播速度（约等于 3×10^8 m/s）。而电磁波往返传播的时间 t，可以直接测定，也可以间接测定。

不难看出，利用电磁波测距，只要在测距仪的测程范围内，中间无障碍，在任何地形条件下的距离测量都是十分快捷便利的，因此被广泛用于大地测量、工程测量、地形测量、地籍测量和房地产测绘中。

电磁波测距仪按测量测距信号往返传播时间 t 的方法不同，分为脉冲式测距仪和相位式测距仪两种。脉冲式测距仪直接测定 t，而相位式测距仪间接测定 t。

2. 脉冲式测距

脉冲法测距直接测定仪器所发射的脉冲信号往返于被测距离的传播时间，从而得到待测距离（见图 2-28）。由光电脉冲发射器发射出一束光脉冲，经发射光学系统投射到合作目标。与此同时，由取样棱镜取出一小部分光脉冲送入光电接收系统，并由光电接收器转换为电脉冲（称为主波），作为计时的起点；从合作目标反射回来的光脉冲也通过光电接收系统后，由光电接收器转换为电脉冲（也称回波），作为计时的终点。可见，主波和回波之间的时间间隔是光脉冲在测线上往返传播的时间 t_{2D}。而 t_{2D} 是通过计数器并由标准时间脉冲振荡器不断产生的具有时间间隔（t）的电脉冲数 n 来决定的。

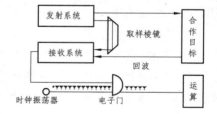

图 2-28　脉冲法测距的基本原理

$$t_{2D} = n \cdot t \qquad\qquad （2-29）$$

则　　　　　　　　　$$D = C \cdot n \cdot t / 2 = n \cdot d \qquad\qquad （2-30）$$

式（2-30）中，n 为标准时间脉冲的个数；$d = Ct/2$，即在时间 t 内，光脉冲往返所走的一个单位距离。所以，只要事先选定一个 d 值（例如 10 m，5 m，1 m 等），记下送入计数系统的脉冲数目，就可以直接把所测距离（$D = n \cdot d$）用数码显示器显示出来。

3. 相位式测距

所谓相位法测距就是通过测量连续的调制信号在待测距离上往返传播产生的相位变化来间接测定传播时间，从而求得被测距离。

如图 2-29 所示，若在 A 点的测距仪向 B 处反射棱镜连续发射角频率 ω 振幅 e_m 的调制光波信号 e_1，经接收系统接收反射回来的反射波信号为 e_2，则经过 t_{2D}（调制波往返于测线

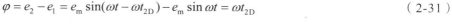

所经历的时间）后，发射波与反射波之间的相位差为：

$$\varphi = e_2 - e_1 = e_m \sin(\omega t - \omega t_{2D}) - e_m \sin \omega t = \omega t_{2D} \qquad (2\text{-}31)$$

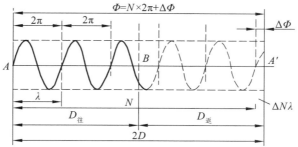

图 2-29 信号往返一次的相位差

若测出相位差，则可以由（2-31）解出调制波在测线上往返传播的时间 t_{2D} 为：

$$t_{2D} = \frac{\varphi}{\omega} = \frac{\varphi}{2\pi f} \qquad (2\text{-}32)$$

式中，f 为调制波频率。将式（2-32）代入（2-28）中可得用相位差表示的测距公式：

$$D = \frac{1}{2} C \frac{\varphi}{\omega} = \frac{1}{2} C \frac{\varphi}{2\pi f} = \frac{C}{2\pi f} \varphi \qquad (2\text{-}33)$$

由图 2-29 可以看出：

$$\varphi = 2N\pi + \Delta\varphi = 2\pi(N + \Delta N) \qquad (2\text{-}34)$$

式中，N 为相位差中的整周期数；$\Delta\varphi$ 为不足一个周期的相位差的尾数；ΔN 为 $\Delta\varphi$ 对应的小数周期，$\Delta N = \Delta\varphi / 2\pi$。

将式（2-34）代入（2-33）得：

$$D = \frac{C}{4\pi f} \cdot 2\pi(N + \Delta N) = \frac{\lambda}{2}(N + \Delta N) \qquad (2\text{-}35)$$

式中，λ 为测距信号波长，$\lambda = C/f$。为便于说明问题，令 $U = \lambda/2$，则式（2-35）变为：

$$D = U(N + \Delta N) \qquad (2\text{-}36)$$

式（2-36）就是相位法测距的基本公式。显然相位法测距相当于用一把长度为 U 的"电尺"来丈量被测距离。被测距离等于 N 个整尺段再加上余长 $\Delta N \cdot U$。由于 U 是已知的，因此欲得到距离 D 必须测定两个量：一个是"整波数" N；另一个是"余长" ΔN，亦即相位差尾数 $\Delta\varphi$ 值（因 $\Delta N = \Delta\varphi / 2\pi$）。在相位式测距仪中，一般只能测定 $\Delta\varphi$（或 ΔN），无法测定整波数 N。这好比钢尺量距，记录员忘了丈量的整尺段数，只记住了最后不足一尺的余长。因此相位法测距必须设法测定整波数 N 才能确定被测距离。

从式（2-36）可以看出，如果测尺长度足够大，大到距离 D 不够一个测尺长度 U 时，

则只有 ΔN ，而整尺数 $N = 0$ ，这时就能够确定被测距离 $D = \Delta N \cdot U$ ，根据 $U = \lambda / 2 = C / 2f$ ，$C = 3 \times 10^5$ km/s，可以选择调制频率较低的长测尺。表 2-7 列出了测尺长度与测尺频率（调制频率）及测相精度的对应关系。

表 2-7 测尺频率（调制频率）与测尺长度对应表

测尺频率	15 MHz	1.5 MHz	150 kHz	15 kHz	1.5 kHz
测尺长度	10 m	100 m	1 km	10 km	100 km
精　度	1 cm	10 cm	1 m	10 m	100 m

由表 2-7 可以看出，测尺越长，测距精度越低。为了实现测程远且精度又高的要求，在测距仪上采用合理搭配的一组测尺共同测距，以长测尺（又称粗测尺）解决 N 的问题，保证测程；短测尺（又称精测尺）保证精度。这就如同钟表上用时、分、秒三针互相配合来确定 12 h 内的准确时刻一样，根据测距仪的最大测程与精度要求，设置调制频率的个数，即选择测尺数目和测尺精度。对于短程测距仪，一般采用两个测尺频率。

二、电磁波测距仪分类

目前，由于电磁波测距仪的迅猛发展和新产品的不断问世，电磁波测距仪种类繁多，有多种不同的分类。

（1）按载波源分类，电磁波测距仪可分为激光测距仪、红外测距仪、微波测距仪三种。其中，激光测距仪和红外测距仪合称为光电测距仪。

（2）按测程的长短，电磁波测距仪可分为短程测距仪、中程测距仪和远程测距仪。

① 短程光电测距仪。测程在 3 km 以内，测距精度一般在 1 cm 左右。这种仪器可用来测量三等以下的三角锁网的起始边，以及相应等级的精密导线和三边网的边长，适用于工程测量和矿山测量。这类测程的仪器很多，如瑞士的 ME3000，精度可达 ±（0.2 mm + $0.5 \times 10^{-6} D$）；瑞典的 AGA-112、AGA-116，美国的 HP3820A，英国的 CD6，日本的 RED2、SDM3E，西德的 ELTA 2、ELDI2 等，精度均可达 ±（5 mm + $5 \times 10^{-6} D$）；东德的 EOT 2000，我国的 HGC-1、DCH-2、DCH3、DCH-05 等。

② 中程光电测距仪。测程在 3 ~ 15 km 的仪器称为中程光电测距仪，这类仪器适用于二、三、四等控制网的边长测量。如我国的 JCY-2、DCS-1，精度可达 ±（10 mm + $1 \times 10^{-6} D$），瑞士的 ME5000 精度可达 ±（0.2 mm + $0.2 \times 10^{-6} D$）、DI5、DI20，瑞典的 AGA-6、AGA-14A 等精度均可达到 ±（5 mm + $5 \times 10^{-6} D$）。

③ 远程激光测距仪。测程在 15 km 以上的光电测距仪，精度一般可达 ±（5 mm + $1 \times 10^{-6} D$），能满足国家一、二等控制网的边长测量。如瑞典的 AGA-8、AGA-600，美国的 Range master，我国研制成功的 JCY-3 型等。

（3）按测距精度（每千米测距中误差）可将测距仪分为 Ⅰ，Ⅱ，Ⅲ 级。

电磁波测距仪的标称精度常用公式（2-37）表示：

$$M_D = a + b \times 10^{-6}D \qquad (2\text{-}37)$$

式中，M_D 为测距中误差，mm；a 为固定误差，mm；b 为比例误差系数；D 为两点间的水平距离，mm。

当 D 为 1 km 时，M_D 为 1 km 的测距中误差，按此指标将测距仪分为 Ⅰ，Ⅱ，Ⅲ 级，见表 2-8。

表 2-8　测距仪的精度分级

测距中误差/mm	测距仪精度等级
$M_D \leqslant 5$	Ⅰ
$5 < M_D \leqslant 10$	Ⅱ
$11 < M_D \leqslant 20$	Ⅲ

（4）按反射目标，可将测距仪分为漫反射目标（非合作目标，即免棱镜）测距仪、具有合作目标（平面反射镜、角反射镜等）的测距仪和具有有源反射器（同频载波应答机、非同频载波应答机等）的测距仪。

三、电磁波测距误差来源及影响

测距误差的大小与仪器本身的质量，观测时的外界条件以及操作方法有着密切的关系。为了提高测距精度，必须正确地分析测距的误差来源、性质及大小，从而找到消除或削弱其影响的办法，使测距获得最优精度。

1. 测距误差的主要来源

由前面的推导可知，相位式测距的基本公式可写成：

$$D = \frac{1}{2f}\frac{c_0}{n}\left(N + \frac{\Delta\Phi}{2\pi}\right) \qquad (2\text{-}38)$$

式中　　　　　$c_0 = c \cdot n$

将其线性化并根据误差传播定律得测距误差：

$$M_D^2 = D^2\left[\left(\frac{m_{c_0}}{c_0}\right)^2 + \left(\frac{m_f}{f}\right)^2 + \left(\frac{m_n}{n}\right)^2\right] + \left(\frac{\lambda}{4\pi}\right)^2 m_\Phi^2 \qquad (2\text{-}39)$$

式中，c_0 为光在真空中传播的速度；f 为测尺频率；n 为大气折射率；Φ 为相位；λ 为测尺波长。

式（2-39）表明，测距误差 M_D 是由以上各项误差综合影响的结果。实际上，观测边长 S 的中误差 M_D 还应包括仪器加常数的测定误差 m_K 和测站及镜站的对中误差 m_l，即：

$$M_D^2 = D^2 \left[\left(\frac{m_{c_0}}{c_0} \right)^2 + \left(\frac{m_f}{f} \right)^2 + \left(\frac{m_n}{n} \right)^2 \right] + \left(\frac{\lambda}{4\pi} \right)^2 m_\Phi^2 + m_K^2 + m_l^2 \qquad (2\text{-}40)$$

式（2-40）中的各项误差影响，就其方式来讲，有些是与距离成比例的，如 m_{c_0}，m_f 和 m_n 等，我们称这些误差为"比例误差"。另一些误差影响与距离长短无关，如 m_Φ，m_K 及 m_l 等，我们称其为"固定误差"。另一方面，就各项误差影响的性质来看，有系统的，如 m_{c_0}，m_f，m_K 及 m_n 中的一部分；也有偶然的，如 m_Φ，m_l 及 m_n 中的另一部分。对于偶然性误差的影响，我们可以采取不同条件下的多次观测来削弱其影响；而对系统性误差影响则不然，但我们可以事先通过精确检定，缩小这类误差的数值，达到控制其影响的目的。

2. 比例误差的影响

由（2-40）式可看出，光速值 c_0、调制频率 f 和大气折射率 n 的相对误差使测距误差随距离 D 而增加，它们属于比例误差。这类误差对短程测距影响不大，但对中远程精密测距影响十分显著。

（1）光速值 c_0 的误差影响

1975 年国际大地测量及地球物理联合会同意采用的光速暂定值为：

$$c_0 = 299\ 792\ 458 \pm 1.2 \text{ m/s}$$

这个暂定值是目前国际上通用的数值，其相对误差 $m_{c_0}/c_0 = 4 \times 10^{-9}$，这样的精度是极高的，所以，光速值 c_0 对测距误差的影响甚微，可以忽略不计。

（2）调制频率 f 的误差影响

调制频率的误差，包括两个方面，即频率校正的误差（反映了频率的精确度）和频率的漂移误差（反映了频率稳定度）。前者由于可用 $10^{-8} \sim 10^{-7}$ 的高精度数字频率计进行频率的校正，因此这项误差是很小的。后者则是频率误差的主要来源，它与精测尺主控振荡器所用的石英晶体的质量、老化过程以及是否采用恒温措施密切相关。在主控振荡器的石英晶体不加恒温措施的情况下，其频率稳定度为 $\pm 1 \times 10^{-5}$。这个稳定度远不能满足精密测距的要求（一般要求 m_f/f 在 $0.5 \times 10^{-6} \sim 1.0 \times 10^{-6}$），为此，精密测距仪上的振荡器采用恒温装置或者气温补偿装置，并采取了稳压电源的供电方式，以确保频率的稳定，尽量减少频率误差。目前，频率相对误差 m_f/f 估计为 -0.5×10^{-6}。

频率误差影响在精密中远程测距中是不容忽视的，作业前后应及时进行频率检校，必要时还得确定晶体的温度偏频曲线，以便给予频率改正。

（3）大气折射率 n 的误差影响

在（2-38）式中，若只是大气折射率 n 有误差，则有：

$$dD/D = -dn/n \qquad (2\text{-}41)$$

通常，大气折射率 n 约为 1.000 3，因 dn 是微小量，故这里取 $n = 1$，于是：

$$dD/D = -dn \qquad (2\text{-}42)$$

对于激光测距来说，大气折射率 n 由式（2-43）给出：

$$n=1+\frac{170.91\times P-15.02e}{273.2+t}\times10^{-6} \tag{2-43}$$

由式（2-43）可以看出，大气折射率 n 的误差是由于确定测线上平均气象元素（P 气压、t 温度、e 湿度）的不正确引起的，这里包括测定误差和气象代表性误差（即测站与镜站上测定值之平均。经过前述的气象元素代表性改正后，依旧存在的代表性误差）。各气象元素对 n 值的影响，可按（2-43）式分别求微分，并取中等大气条件下的数值（$P=$ 101.325 kPa，$t=20\,^{\circ}\mathrm{C}$，$e=1.333\,22$ kPa），代入后有：

$$\left.\begin{array}{l}\mathrm{d}n_t=-0.95\times10^{-6}\,\mathrm{d}t\\[4pt]\mathrm{d}n_P=+0.37\times10^{-6}\,\mathrm{d}p\\[4pt]\mathrm{d}n_e=-0.05\times10^{-6}\,\mathrm{d}e\end{array}\right\} \tag{2-44}$$

由此可见，激光测距中温度误差对折射系数的影响最大。当 $\mathrm{d}t=1\,^{\circ}\mathrm{C}$ 时，$\mathrm{d}n_t=-0.95\times10^{-6}$，由此引起的测距误差约一百万分之一。影响最小的是湿度误差。

从以上的误差分析来看，正确地测定测站和镜站上的气象元素，并使算得的大气折射系数与传播路径上的实际数值十分接近，从而大大地减少大气折射的误差影响，对精密中、远程测距乃是十分重要的。因此，在实际作业中必须注意以下几点：

① 气象仪表必须经过检验，以保证仪表本身的正确性。读定气象元素前，应使气象仪表反映的气象状态与实地大气的气象状态充分一致。温度读至 0.2 ℃，其误差应小于 0.5 ℃，气压读至 0.066 7 kPa，其误差应小于 0.133 3 kPa，这样，由于气象元素的读数误差引起的测距误差可望小于 1×10^{-6}。

② 气象代表性的误差影响较为复杂，它受到测线周围的地形、地物和地表情况以及气象条件诸因素的影响。为了削弱这方面的影响，选点时应注意地形条件，尽量避免测线两端高差过大的情况，避免视线穿过水域。观测时，应选择在空气能充分调和的有微风的天气或温度比较稳定的阴天。必要时，可加测测线中间点的温度。

③ 气象代表性的误差影响，在不同的时间（如白天与黑夜），不同的天气（如阴天和晴天），具有一定的偶然性，有相互抵消的作用。因此，采取不同气象条件下的多次观测取平均值，也能进一步地削弱气象代表性的误差影响。

3. 固定误差的影响

如前所述，测相误差 m_Φ、仪器加常数误差 m_K、对中误差 m_l 和周期误差 m_A 都属于固定误差。它们都具有一定的数值，与距离的长短无关，所以在精密的短程测距时，这类误差将处于突出的地位。

（1）对中误差 m_l

对于对中或归心误差的限制，在控制测量中，一般要求对中误差在 3 mm 以下，要求归心误差在 5 mm 左右。但在精密短程测距时，由于精度要求高，必须采用强制归心方法，最大限度地削弱此项误差影响。

（2）仪器加常数误差 m_K

仪器加常数误差包括在已知线上检定时的测定误差和由于机内光电器件的老化变质和变位而产生加常数变更的影响。通常要求加常数测定误差 $m_K \leq 0.5\,m$，此处 m 为仪器设计（标称）的偶然中误差。对于仪器加常数变更的影响，则应经常对加常数进行及时检测，予以发现并改用新的加常数来避免这种影响。同时，要注意仪器的保养和安全运输，以减少仪器光电器件的变质和变位，从而减少仪器加常数可能出现的变更。

（3）测相误差 m_Φ

测相误差 m_Φ 是由多种误差综合而成。这些误差有测相设备本身的误差，内外光路光强相差悬殊而产生的幅相误差，发射光照准部位改变所致的照准误差以及仪器信噪比引起的误差。消除（削弱）测相误差的方法为：（1）选择良好的大气条件，配置适当的反光棱镜，可以减少测相误差的影响；（2）观测前要精确进行光电瞄准，使反射器处于光斑中央，以减少照准误差的影响，多次精心照准和读数，取平均值后可减小照准误差。

（4）周期误差 m_A

所谓周期误差，是指按一定距离为周期而重复出现的误差。它是由于机内同频串扰信号的干扰而产生的。这种干扰主要由机内电信号的串扰而产生。如发射信号通过电子开关，电源线等通道或空间渠道的耦合串到接收部分，也可能由光串扰产生，如内光路漏光而串到接收部分。周期误差可采取测定其振幅和初相而在观测值中加以改正来消除其影响。

四、测距成果的归算

地面上观测的斜距，首先要进行加常数、乘常数、大气、周期误差的改正；然后进行将斜距换算至平距，归算至参考椭球面，投影至高斯平面等几个步骤。这样测距边长就可以用于控制测量的平差计算。

1. 加常数改正

经检定得到的测距仪加常数 K（这里的加常数 K 包括了棱镜加常数），对距离观测值 D 进行改正，改正公式为：

$$D' = D + K \qquad (2-45)$$

2. 乘常数改正

测距边长值应该是基于测距仪的标准频率而得的，但是测距仪的频率会发生漂移，从而对距离观测值产生影响。

设 R 为乘常数，D'' 为经乘常数改正后的距离观测值，则乘常数的改正公式为：

$$D'' = D' + D'R \qquad (2-46)$$

3. 气象改正

电磁波在大气中传播速度随大气温度 t、气压 P、湿度 e 等条件变化而改变，因而实际测距作业时的大气状态变化将会对距离观测值产生影响，必须予以改正，即加上一个气象改正数。由于湿度 e 对距离观测值产生的影响较小，通常不予考虑。因为温度、气压的变化会影响大气折射率，不同波长的电磁波传递速度受到的大气折射率影响也不同，也就是说，电磁波测距信号的波长不同，气象要素对其影响的程度也不同。

波长 $\lambda = 0.832\ \mu m$ 的红外测距信号，其气象改正公式为：

$$\Delta D_n = \left(278.96 - \frac{0.387\ 2P}{1 + 0.003\ 661t}\right)D_{测} \tag{2-47}$$

式中，ΔD_n 为边长的气象改正值（mm）；P 为测站气压（mmHg），$1\ mmHg = 133.322\ Pa$；t 为测站温度（℃）；$D_{测}$ 为观测距离（km）。

通常，测距仪的说明书中或给出气象改正公式，或给出测距信号的波长，或给出一个以温度、气压为引数的改正表。目前较新的测距仪（全站仪）都具有自动计算大气改正数的功能，即在观测时直接键入温度、气压值，由仪器自动计算气象改正，其最后显示的距离是经过气象改正的距离。

4. 斜距归算至平距

如图 2-30 所示，设野外测定的斜距为 S，它是在测站 A 和棱镜站 B 不等高的情况下得到的。将 S 化至平距时，首先要选取所在高程面，高程面不同，平距值亦不同。这里讨论将 S 化至 A，B 平均高程面上的平距 D_P。这对于以后的换算和往、返测观测的较差检核，都是便利的。

在控制测量中，距离 S 通常不超过 10 km，水平距离计算，可按公式（2-48）进行：

$$D_P = \sqrt{S^2 - h^2} \tag{2-48}$$

式中，D_P 为水平距离（m）；S 为经气象及加、乘常数等改正后的斜距（m）；h 为仪器与反光镜之间的高差（m）。

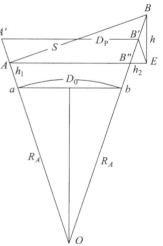

图 2-30　测距成果的归算

5. 平距归算至测区平均高程面

有些时候，需要将测区内所有的观测平距对算到测区平均高程面上。此时应按式（2-49）计算：

$$D_H = D_P\left(1 + \frac{H_P - H_m}{R_A}\right) \tag{2-49}$$

式中，D_H 为测区平均高程面上的测距边长度（m）；D_P 为测距两端点的平均高程面的水平距（m）；H_P 为测区的平均高程（m）；H_m 为测距两端的平均高程（m）；R_A 为参考椭球体在测距边方向法截弧的曲率半径（m）。

6. 平距归算至参考椭球面

归算到参考椭球面上的测距边长度，应按式（2-50）计算：

$$D_0 = D_P \left(1 - \frac{H_m + h_m}{R_A + H_m + h_m}\right) \tag{2-50}$$

式中，D_0 为归算到参考椭球面上的测距边长度（m）；h_m 为测区大地水准面高出参考椭球面的高差（m）。

7. 将椭球面上的长度归算至高斯平面

测距边在高斯投影面上的长度，应按式（2-51）计算：

$$D_g = D_0 \left(1 + \frac{y_m^2}{2R_m^2} + \frac{\Delta y^2}{24R_m^2}\right) \tag{2-51}$$

式中，D_g 为测距边在高斯投影面上的长度（m）；y_m 为测距边两端点横坐标的平均值（m）；R_m 为测距边中点的平均曲率半径（m）；Δy 为测距边两端点近似横坐标的增量（m）。

任务五　导线测量的踏勘、选点、埋石

常规平面控制测量的外业工作主要包括控制点的实地踏勘、选点、埋设标石以及控制网的观测等工作。图上技术设计好的常规控制网是否适合于实际工作，还需要到实地验证，最终确定平面控制点的合适位置，即实地的踏勘与选点。控制点选定位置后，应按规定的规格埋设控制点标志，并绘制点之记。

一、实地踏勘与选点

在地图上设计好导线网以后，即可到实地去落实点位，并对图上设计进行检查与纠正，这项工作称为实地选点。实地选点的任务是根据控制网的布网方案和测区情况，在实地选定控制点的最佳位置。

1. 选点的准备工作

实地选点时，需要配备下列仪器和工具：小平板、罗盘仪、望远镜、卷尺、花杆和对讲机等。

实地选点之前，必须对整个测区的地形情况有较全面的了解。在山区和丘陵地区，点位一般都设在制高点上，选点工作比较容易。如果图上设计考虑得周密细致，此时只需到点上直接检查通视情况即可，通常不会有太大的变化。但在平原地区，由于地势平坦，往往视线受阻，选点工作比较困难。为了既保证网形结构好，又尽可能避免建造高标，就需要详细地观察和分析地形，登高瞭望，检查通视情况。在此种情况下，所选定的点位就有可能改变。在建筑物密集区，可将点位选取在稳固的永久性建筑物上。

2. 选点的工作步骤

（1）先到已知点上，判明该点与相邻已知点在图上和实地上的相对位置关系，然后检查该点的标石觇标的完好情况。

（2）按已知方向标定小平板的方位，用罗盘仪测出磁北方向，并按设计图检查各方向的通视情况，对不通视的方向，应及时进行调整。

（3）依照设计图到实地上去选定其他点的点位，在每点上同样进行（2）项的工作，并在小平板上画出方向线，用交会法确定预选点的点位。这样逐点推进，直到全部点位在实地上都选定为止。

控制点选定后，须打木桩予以标记。控制点一般以村名、山名、地名作为点名。新旧点重合时，一般采用旧名，不宜随便更改。点位选定以后，应及时写出点的位置说明（点之记）。

3. 提交选点资料

选点工作结束后，应提交以下资料：

（1）选点图。选点图的比例尺视测区范围而定。图上应注明点名和点号，并绘出交通干线、主要河流和居民地等。

（2）控制点位置说明。填写点的位置说明，是为了日后寻找点位方便，同时也便于其他单位使用控制点资料，了解埋设标石情况。

（3）文字说明。内容包括：任务要求，测区概况，已有测量成果及精度情况，设计的技术依据，旧点的利用情况，最长和最短边长、平均边长及最小角的情况，精度估算的结果，对埋石和观测工作的建议等。

二、控制点标石的埋设

标石是控制点点位的永久标志。无论是野外观测，还是内业计算成果，均以标石的标志中心为准。如果标石被破坏和发生位移，测量成果就会失去作用，使点报废。因此，中心标石的埋设一定要十分牢固。

1. 平面控制点标志

二、三、四等平面控制标志可采用磁质或金属等材料制作，其规格如图 2-31 和图 2-32 所示；一、二级小三角点，一级及以下导线点、埋石图根点等平面控制点标志可采用 $\phi 14 \sim \phi 20$、长度为 $30 \sim 40$ cm 的普通钢筋制作，钢筋顶端应锯 "＋" 字标记，距底端约 5 cm 处应为弯勾状。

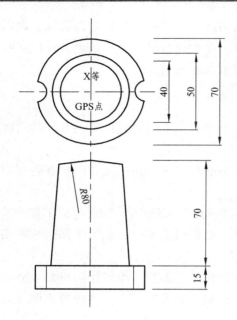

图 2-31　瓷质标志（单位：mm）

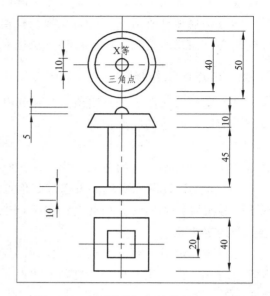

图 2-32　金属质标志（单位：mm）

2. 平面控制标石埋设

二、三等平面控制点标石规格及埋设结构图如图 2-33 所示，柱石与盘石间应放 1～2 cm 厚粗砂，两层标石中心的最大偏差不应超过 3 mm；四等平面控制点可不埋盘石，柱石高度应适当加大；一、二级平面控制点标石规格及埋设结构如图 2-34 所示。

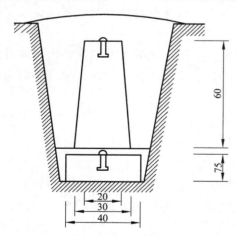

图 2-33　二、三等平面控制点标石埋设图
（单位：cm）

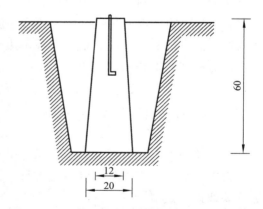

图 2-34　一、二级平面控制点标石埋设图
（单位：cm）

三、绘制点之记

控制点标志埋设结束后需要绘制点之记。点之记是以图形和文字的形式对点位的描述。点之记中包括的主要内容：点名、点号、位置描述、点位略图及说明、断面图等。表 2-9

为一点之记实例。

表 2-9 导线点点之记

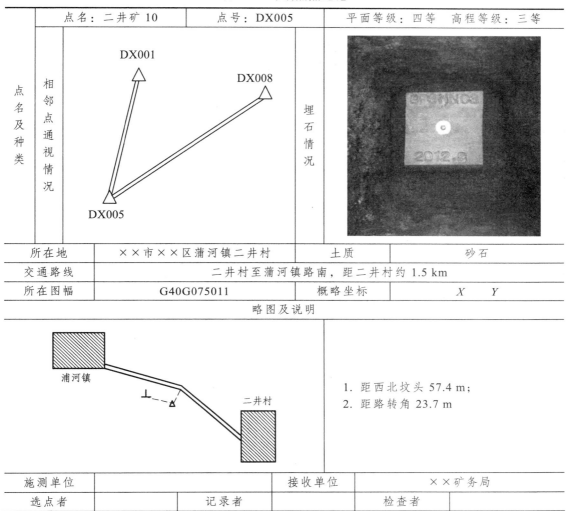

点名：二井矿 10	点号：DX005	平面等级：四等 高程等级：三等	
点名及种类	相邻点通视情况		埋石情况
所在地	××市××区蒲河镇二井村	土质	砂石
交通路线	二井村至蒲河镇路南，距二井村约 1.5 km		
所在图幅	G40G075011	概略坐标	X Y
略图及说明			
施测单位		接收单位	××矿务局
选点者		记录者	检查者

1. 距西北坟头 57.4 m；
2. 距路转角 23.7 m

四、绘制控制网略图

为了更好地了解整个测区控制网点的分布情况，检查控制网的合理性，必须绘制测区控制网略图。控制网略图要做到随测随绘，也就是，当完成某一等级控制网工作后，在绘图软件上立即按点的坐标展出，再用相应的线条连接，这样不断的充实完成。当控制测量工作完成时，控制网略图也绘制完成了。成果提交时，控制网略图也随之一同提交。

五、控制点标志的委托保管

平面控制点埋石结束后需向当地政府办理测量标志委托保管及批准征用土地文件。委托保管书统一印制，示例如下：

测量标志委托保管书

网（线）名及点号：_____

标石种类： **GPS、水准共用标石**　　标志质料： **混凝土标石，铜标志**

完整情况： **标志、指示盘和指示桩完好无缺**　托管日期：　　年　　月　　日

设置地点：_____

概略点位	

　　测量标志是社会主义经济建设和国防建设的重要设施，必须长期保存，当地各级党、政领导机关应对群众进行宣传教育，认真负责保护测量标志，不得拆除和移动，并严防破坏。发生前述情况时，应提前报告××市国土资源局。

　　现由_____代表_____根据《中华人民共和国测绘法》，将上述测量标志委托_____接管，并负责保护。

　　托管单位：_____（盖公章）　　代表：_____

　　地　　址：_____　　电话：_____

　　接管单位：_____（盖公章）　　代表：_____

　　此保管书共三份，一份随成果上交，一份由测量机关呈交地方测绘管理机关，一份交接管单位。

六、上交成果资料

　　选点、埋石结束后需提交的资料包括：

（1）测量标志委托保管书及批准征用土地文件。

（2）控制点点之记、控制网略图。

（3）选点中收集的有关资料。

（4）选点、埋石工作的技术总结。总结中应简单扼要说明测区的自然地理情况，选点工作实施情况及对埋石与观测工作的建议；旧标石的利用情况，埋设标石的类型、数量统计；扼要说明埋石工作情况，埋石中特殊问题及对观测工作的建议等。

任务六 导线测量的外业观测

目前，进行平面控制测量的首选方法是采用卫星定位技术，而在众多的卫星定位系统中，GPS 定位技术占据着绝对的统治地位。然而，采用常规测绘仪器（这里指测距仪、光学经纬仪、电子经纬仪和全站仪）进行平面控制测量的传统方法仍然具有重要地位。这种传统的平面控制测量方法有时可以用来独立完成某项平面控制测量首级控制任务，也可以用于 GPS 平面控制网的加密控制。用常规测绘仪器进行平面控制测量的方法主要有：导线（含单一导线和导线网）和三角形网（含三角网、边角网、测边网）。在这几种方法中，单一导线的应用最为普遍，导线网次之，而三角形网目前已基本退出历史舞台。

导线测量的外业工作就是借助全站仪或经纬仪与测距仪进行导线的角度测量和边长测量。

一、导线测量的主要技术要求

（一）水平角观测的规定

1. 水平角观测的技术要求

《工程测量规范》规定，导线测量中水平角的观测宜用方向观测法，技术要求见表 2-10。

表 2-10 导线测量的主要技术要求

等级	导线长度/km	平均边长/km	测角中误差/（"）	测距中误差/mm	测距相对中误差	测回数			方位角闭合差/（"）	导线全长相对闭合差
						1"级仪器	2"级仪器	6"级仪器		
三等	14	3	1.8	20	1/150 000	6	10		$3.6\sqrt{n}$	≤1/55 000
四等	9	1.5	2.5	18	1/80 000	4	6		$5\sqrt{n}$	≤1/35 000
一级	4	0.5	5	15	1/30 000		2	4	$10\sqrt{n}$	≤1/15 000
二级	2.4	0.25	8	15	1/14 000		1	3	$16\sqrt{n}$	≤1/10 000
三级	1.2	0.1	12	15	1/7 000		1	2	$24\sqrt{n}$	≤1/5 000

注：① 表中 n 为测站数；
② 当测区测图的最大比例尺为 1:1 000 时，一、二、三级导线的平均边长及总长可适当放长，但最大长度不应大于表中规定长度的 2 倍；
③ 测角的 1"，2"，6" 级仪器分别包括全站仪、电子经纬仪和光学经纬仪。

水平角观测所使用的全站仪、电子经纬仪和光学经纬仪，应符合下列相关规定：

（1）当观测方向不多于 3 个时，可不归零。

（2）当观测方向多于 6 个时，可进行分组观测。分组观测应包括两个共同方向（其中一个为共同零方向）。其两组观测角之差，不应大于同等级测角中误差的 2 倍。分组观测的最后结果，应按等权分组观测进行测站平差。

（3）各测回间应配置度盘，度盘配置应符合《工程测量规范》规定。

（4）水平角的观测值应取各测回的平均数作为测站成果。

（5）三、四等导线的水平角观测，当测站只有两个方向时，应在观测总测回中以奇数测回的度盘位置观测导线前进方向的左角,以偶数测回的度盘位置观测导线前进方向右角。左右角的测回数为总测回数的一半。但在观测右角时,应以左角起始方向为准变换度盘位置,也可用起始方向的度盘位置加上左角的概值,在前进方向配置度盘。左角平均值与右角平均值之和与 360° 之差,不应大于表 2-10 中相应等级导线测角中误差的 2 倍。

2. 水平角观测的作业要求

（1）仪器或反光镜的对中误差不应大于 2 mm。

（2）水平角观测过程中,气泡中心位置偏离整置中心不宜超过 1 格。四等及以上等级的水平角观测,当观测方向的垂直角超过 ±30″ 的范围时,宜在测回间重新整置气泡位置。有垂直轴补偿器的仪器,可不受此款限制。

（3）如受外界因素（如地震）的影响,仪器的补偿器无法正常工作或超出补偿器的补偿范围时,应停止观测。

（4）当测站或照准目标偏心时,应在水平角观测前或观测后测定归心元素。测定时,投影示误三角形的最长边,对于标石、仪器中心的投影不应大于 5 mm,对于照准标志中心的投影不应大于 10 mm。投影完毕后,除标石外,其他各投影中心均应描绘两个观测方向。角度元素应量至 15″,长度元素应量至 1 mm。

（5）首级控制网所联测的已知方向的水平角观测,应按首级网相应等级的规定执行。

3. 水平角观测误差超限时的重测要求

（1）一测回内 $2c$ 互差或同一方向值各测回较差超限时,应重测超限方向,并联测零方向。

（2）下半测回归零差或零方向的 $2c$ 互差超限时,应重测该测回。

（3）若一测回中重测方向数超过总方向数的 1/3 时,应重测该测回。当重测的测回数超过总测回数的 1/3 时,应重测该站。

（二）电磁波测距的规定

1. 电磁波测距的技术要求

利用电磁波测距仪进行距离测量,技术要求见表 2-11。

表 2-11　距离测量的主要技术要求

平面控制网等级	仪器精度等级	每边测回数		一测回读数较差 /（″）	单程各测回较差 /mm	往返测距较差 /mm
		往	返			
三等	5 mm 级仪器	3	3	≤ 5	≤ 7	≤ 2（$a + b \times D$）
	10 mm 级仪器	4	4	≤ 10	≤ 15	
四等	5 mm 级仪器	2	2	≤ 5	≤ 7	
	10 mm 级仪器	3	3	≤ 10	≤ 15	
一级	10 mm 级仪器			≤ 10	≤ 15	
二、三级	10 mm 级仪器	1		≤ 10	≤ 15	

　　注：① 测回是指照准目标一次,读数 2～4 次的过程;
　　　　② 困难情况下,边长测距可采取不同时间段测量代替往返观测。

2. 电磁波测距的作业要求

（1）测站对中误差不应大于 2 mm。

（2）当观测数据超限时，应重测整个测回，如观测数据出现分群时，应分析原因，采取相应措施重新观测。

（3）四等及以上等级控制网的边长测量，应分别量取两端点观测始末的气象数据，计算时应取平均值。

（4）测量气象元素的温度计宜采用通风干湿温度计，气压表宜选用高原型空盒气压表；读数前应将温度计悬挂在离开地面和人体 1.5 m 以外阳光不能直射的地方，且读数精确至 0.2 ℃；气压表应置平，指针不应滞阻，且读数精确至 50 Pa。

（5）当测距边用电磁波测距三角高程测量方法测定的高差进行修正时，垂直角的观测和对向观测高差较差要求，可按《工程测量规范》中五等电磁波测距三角高程测量的有关规定放宽 1 倍执行。

（6）每日观测结束，应对外业记录进行检查。当使用电子记录时，应保存原始观测数据，打印输出相关数据和预先设置的各项限差。

3. 精密导线测量记录要求

（1）对于观测人员所报出的读数，记录员应复述再记录。

（2）每一测站应于现场记录所有的记录项目，包括文字项目和数据，不可缺项。

（3）迁站时应检查记录数据的完整性，检核无超限后方可迁站。

（4）记录字体的高度应稍大于记录表格的一半。

（5）对于原始记录的数据，不可擦、涂、挖、贴，不可转抄、改字。

（6）不论什么原因，数据的末位不能更改，其他数位出现错误可以划改，并加备注。

（7）不可连环涂改数据。所谓连环涂改，就是同时更改了一个测站（测回）两个相关的数据，或是同时更改了某个观测数据和用此观测数据通过计算而得到的计算数据。

二、导线测量的外业观测工作

导线测量外业观测就是借助全站仪或光学经纬仪、电子经纬仪和测距仪等仪器进行导线的角度测量和边长测量工作。在作业前必须按规范要求对所使用的仪器进行相关项目的检验，经检验合格后才可以用于导线的外业测量工作。

1. 水平角观测

水平角观测时宜采用方向观测法，当方向数不多于 3 个时，可不归零。各测回间度盘和测微器应配置正确的初始位置。

水平角观测过程中，气泡中心位置偏离整置中心不宜超过 1 格。四等以上的水平角观测，当观测方向的垂直角超过 ±3° 时，宜在测回间重新整置气泡位置。

导线的水平角观测结束后，应按式（2-52）计算导线（网）测角中误差：

$$m_\beta = \sqrt{\frac{1}{N}\left[\frac{f_\beta f_\beta}{n}\right]} \qquad (2\text{-}52)$$

式中，f_β 为附合导线或闭合导线环的方位角闭合差（"）；n 为计算 f_β 时的测站数；N 为附合导线或闭合导线环的个数。

在进行水平角观测时应注意如下事项：

（1）要采取必要措施，保证仪器在观测过程中的稳定性。为此，安置仪器时应踩紧脚架，防止下沉和产生偏转。在土壤过于松软的地区观测，要在三脚架的三只脚尖地方打入木桩。在市区要防止柏油路面在夏天受热软化变形带来的不良影响，在测站上必须撑伞，最好要把整个脚架都遮住。在观测过程中，禁止旁人在三脚架附近走动。

（2）防止温度对仪器结构的影响，在观测前半小时左右，将仪器从箱中取出，让它和外界空气的温度相一致。在使用仪器过程中，必须轻拿轻放，防止震动和碰撞。

（3）防止旁折光的影响，城市导线测量往往视线靠近热源而引起旁折光。例如：日光照射到的建筑物的墙面、树杆、电线杆、土堆，以及通风筒的出口处等等，当视线穿过河面或平行于河岸时，河面上空气密度与岸上空气密度不一样，也要引起旁折光。因此，在导线选点时应考虑远离引起旁折光的物体 1 米以外。为减少旁折光的影响，阴天观测比晴天要好。

（4）在市区测角时，为克服行人和车辆等通视的障碍，水平角观测可在夜间进行。另外用升高经纬仪及觇牌的脚架，观测人员站在方凳上观测，使视线高于行人的高度，也是实践证明行之有效的方法。

2. 导线边的测量

导线边的测量宜采用中、短程红外测距仪。中、短程的划分，短程为 3 km 以下；中程为 3 ~ 15 km。电磁波测距仪按标称精度分级，当测距长度为 1 km 时，仪器精度分别为：

I 级：$|m_D| \leqslant 5$ mm；

II 级：5 mm $< |m_D| \leqslant 10$ mm；

III 级：10 mm $< |m_D| \leqslant 20$ mm。

新《工程测量规范》对电磁波测距仪测距精度的等级分为 5 毫米级和 10 毫米级两种。电磁波测距仪及辅助工具的检校，应符合如下规定：

（1）对于新购置或经大修后的测距仪，应进行全面检校。

（2）测距使用的气象仪表，应送气象部门按有关规定检测。

（3）当在高海拔地区使用空盒气压计时，宜送当地气象台（站）校准。

测距作业应符合下列要求：

（1）测距时应在成像清晰和气象条件稳定时进行，雨、雪和大风等天气不宜作业，不宜顺光、逆光观测，严禁将测距仪对准太阳。

（2）当反光镜背景方向有反射物时，应在反光镜后遮上黑布作为背景。

（3）测距过程中，当视线被遮挡出现粗差时，应重新启动测量。

（4）当观测数据超限时，应重测整个测回。当观测数据出现分群时，应分析原因，采取相应措施重新观测。

（5）温度计宜采用通风干湿温度计，气压表宜采用高原型空盒气压计。

（6）当测量四等及以上的边长时，应量取两端点的测边始末的气象数据，计算时应取平均值。测量温度时应量取空气温度，通风干湿温度计应悬挂在离开地面和人体 1.5 m 以外的地方，其读数取值精确至 0.2 ℃。气压表应置平，指针不能滞阻，其读数取值精确至 50 Pa。

（7）当测距边用三角高程测定的高差进行倾斜修正时，垂直角的观测和对向观测较差要求，可按五等三角高程测量的有关规定放宽 1 倍执行。

（8）测距宜选在日出后 1 h 或日落前 1 h 左右的时间内观测。

任务七　导线测量的概算与外业验算

导线测量的内业计算部分主要包括概算、验算与平差等部分内容。概算就是将方向观测值和距离观测值归算至高斯平面；而验算就是依控制网的几何条件检核观测质量；平差则是计算出各控制点的最或然坐标并进行精度评定。

一、导线测量的概算

导线测量的外业是在地球表面进行的，所获得的观测值是方向观测值和边长观测值，而平差计算要在平面上进行，这一平面可能是测区某一高度的平均面，可能是基于工程坐标系或城市坐标系的平面，也可能是基于国家坐标系的高斯平面。总之，在平差前必须将地面上的观测值归算至某一特定平面，这一步工作称为概算。下面以归算至高斯平面为例说明概算过程。

1. 概算工作的准备

概算工作前需要必要的准备工作，主要包括：

（1）外业成果资料的检查

① 观测手簿检查：包括水平方向手簿、边长观测手簿。检查原始数据是否清晰，运算是否准确并合乎要求，各项限差是否满足相应的规定，度盘位置是否正确，测站点和观测点气温、气压是否明确记载，各项注记是否齐全。

② 观测记簿检查：全面核对记簿和手簿有关内容是否有差错，成果的取舍和重测是否合理，分组观测是否合乎要求，测站平差是否正确。

③ 仪器检查资料及其他：检查仪器检查项目、方法及次数是否符合规定，计算是否正确，检查结果是否满足限差要求，点之记注记是否完整，觇标及标石委托保管书有无遗漏。

（2）已知数据表和控制网略图的编制

对已知数据编制已知数据表。编制时，应对资料的来源、精度等情况认真分析，并在表中加以说明。为了满足概算和以后平差计算的需要，还应绘制导线网略图。略图比例尺不作要求，但应清晰、美观、实用。

2. 导线测量的概算

（1）近似边长的计算

对于三角网，须从已知边（或观测边）开始，按正弦公式计算边长，如图 2-35 所示，b 为已知边，则 $a，c$ 的计算公式如下：

$$\left.\begin{array}{l} a = \dfrac{b}{\sin B}\sin A \\[2mm] b = \dfrac{b}{\sin B}\sin C \end{array}\right\} \qquad (2\text{-}53)$$

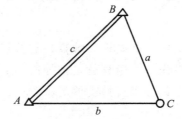

图 2-35　三角形近似边长的计算

对于测边网，则首先要有观测角度近似值，以便推算方向近似值，角度 A 的计算按余弦公式计算，公式如下：

$$A = \arccos\frac{b^2 + c^2 - a^2}{2bc} \qquad (2\text{-}54)$$

对于边角网（含导线网），由于观测元素是所有的边长和角度，所以无需进行近似边长的计算。

（2）近似坐标的计算

为了计算近似子午线收敛角（为求近似大地方位角用）及方向改化和距离改化，须计算各控制点的近似坐标。坐标的计算有两种公式：

① 变形戎格公式

$$\left.\begin{array}{l} x_3 = \dfrac{x_1 \cot 2 + x_2 \cot 1 - y_1 + y_2}{\cot 1 + \cot 2} \\[3mm] y_3 = \dfrac{y_1 \cot 2 + y_2 \cot 1 + x_1 - x_2}{\cot 1 + \cot 2} \end{array}\right\} \qquad (2\text{-}55)$$

三角形编号如图 2-36 所示，1，2 为已知点，3 为待求点。

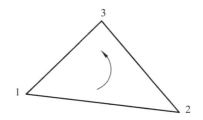

图 2-36　应用变形戎格公式的角度编号

② 坐标增量公式

$$
\left.
\begin{aligned}
x_2 &= x_1 + \Delta x_{12} = x_1 + D'_{12} \cos T'_{12} \\
y_2 &= y_1 + \Delta y_{12} = y_1 + D'_{12} \sin T'_{12}
\end{aligned}
\right\}
\tag{2-56}
$$

式中，D'_{12} 为近似平面边长；T'_{12} 为近似坐标方位角。

3. 方向观测值的归算

导线测量中的方向观测值通常需要归算至高斯平面，需要分两步进行。

（1）将地面上的方向观测值归算至椭球面

将地面上的方向观测值归算至椭球面，需要加入"三差改正"，即垂线偏差改正、标高差改正和截面差改正。对于三等及以下等级的工程测量平面控制网，由于边长较短、精度较低，一般无需加"三差改正"，即直接把地面观测方向值看作椭球面上观测方向值。

（2）将椭球面上的方向观测值归算至高斯平面

将椭球面上的方向观测值对算至高斯平面需要加入"方向改正"，方向改正的计算公式见式（2-57）。

$$
\left.
\begin{aligned}
\delta''_{12} &= \frac{\rho''}{2R_{\mathrm{m}}^2}(x_1 - x_2)y_{\mathrm{m}} \\
\delta''_{21} &= \frac{\rho''}{2R_{\mathrm{m}}^2}(x_2 - x_1)y_{\mathrm{m}}
\end{aligned}
\right\}
\tag{2-57}
$$

式中，x，y 均为近似值，且 $y_{\mathrm{m}} = (y_1 + y_2)/2$；$R_{\mathrm{m}}$ 为 1，2 两点中心处在参考椭球面上的平均曲率半径（m）。

4. 边长观测值的改化

边长观测值的改化主要参见精密测距仪器及距离测量之测距成果的归算。

二、导线测量的验算

控制网观测数据质量的好坏，直接影响控制网的精度。因此，外业观测数据必须经过严格检核，使其合乎《工程测量规范》要求，这项工作也称为验算。下面所述的依控制网几何条件检验控制网观测质量，它不仅可以检验作业本身的误差，也可以检验网内某些粗差和系统误差的影响，因而能全面地表示观测质量。

控制网的类型不同，需要检核的项目也不同。以导线网为例，需要进行如下项目的检核。

1. 计算导线方位角条件和环形条件闭合差

为了检核角度的观测质量，如导线产生方位符合条件就要计算方位角条件闭合差。如观测角度为其公式如下：

$$f_\beta = T_0 - T_n + [\beta_i]_1^n + n \cdot 180° \qquad (2\text{-}58)$$

按式（2-58）计算的 f_β，对于三等、四等和一级导线，分别不能超过 $\pm(3\sqrt{n})''$，$\pm(5\sqrt{n})''$ 和 $\pm(10\sqrt{n})''$。

当导线构成闭合环时，环形闭合差可按式（2-59）计算：

$$w_环 = [\beta_i]_1^{n'} - (n'-2) \cdot 180° \qquad (2\text{-}59)$$

式中，n' 为闭合环内角个数。环形闭合差的限值为：

$$\Delta_环 \leqslant 2\sqrt{n'} m_\beta \qquad (2\text{-}60)$$

2. 计算导线测角中误差

三、四等导线，应按左、右角进行测量，此时导线的测角中误差按式（2-61）计算：

$$m_\beta \pm \sqrt{\frac{\Delta\Delta}{2n}} \qquad (2\text{-}61)$$

式中，Δ 为测站圆周角闭合差（ $''$ ）；n 为 Δ 的个数。

当导线网内有多个方位符合条件时，可按方位角条件闭合差计算测角中误差

$$m_\beta = \sqrt{\frac{1}{N}\left[\frac{f_\beta f_\beta}{n}\right]} \qquad (2\text{-}62)$$

式中，f_β 为符合导线或闭合导线环的方位角闭合差（ $''$ ）；n 为计算 f_β 时的测站数；N 为 f_β 的个数。

测角中误差不应超过相应等级测角中误差的标称值。

3. 测距边单位权中误差

$$\mu = \sqrt{\frac{[Pdd]}{2n}} \qquad (2\text{-}63)$$

式中，μ 为单位权中误差；d 为各边往、返距离的较差（ mm ）；n 为测距边数；P 为各边距离的先验权，其值为 $1/\delta_D^2$，δ_D 为测距的先验中误差，可按测距仪器的标称精度计算。

4. 任一边的实际测距中误差

$$m_{Di} = \mu\sqrt{\frac{1}{P_i}}$$

(2-64)

式中，m_{Di} 为第 i 边的实际测距中误差（mm）；P_i 为第 i 边距离测量的先验权。

5. 平均测距中误差

当网中的边长相差不大时，可按式（2-65）计算平均测距中误差：

$$m_D = \sqrt{\frac{[dd]}{2n}}$$

(2-65)

式中，m_D 为平均测距中误差（mm）。

三、导线测量的平差计算

导线平差是在导线网中具有多余观测的情况下，根据最小二乘原理，消除网中的各种几何矛盾，求出观测值的平均值，进而求出各待定元素的最或然值，同时评定精度。平差后的精度评定，应包含单位权中误差、相对误差椭圆参数、边长相对中误差或点位中误差等。

目前，市面上可以用于平面控制网平差计算的软件很多，较常用的软件有 PA2005、NASEW2003，COSA 等。下面以南方测绘公司的平差易软件为例进行导线平差计算。

1. 平差易软件进行导线平差的流程

用平差易软件进行控制网平差的过程包括：

第一步：控制网数据录入；

第二步：坐标推算；

第三步：坐标概算；

第四步：选择计算方案；

第五步：闭合差计算与检核；

第六步：平差计算；

第七步：平差报告的生成和输出。

其作业流程图如图 2-37 所示：

2. 操作步骤

如图 2-38 所示为一条符合导线，已知数据和观测数据列于表 2-12，A，B，C 和 D 是已知坐标点，2、3 和 4 是待测的控制点。

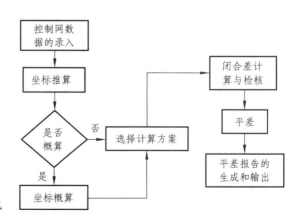

图 2-37　控制网计算流程图

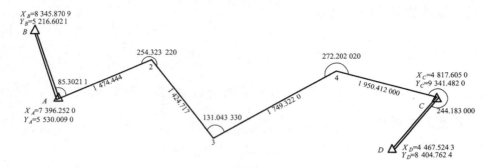

图 2-38　导线网示意图

表 2-12　导线已知与观测数据表

测站点	角度 / (°′″)			距离/m	X/m	Y/m
B					8 345.870 9	5 216.602 1
A	85	30	21.1	1 474.444 0	7 396.252 0	5 530.009 0
2	254	32	32.2	1 424.717 0		
3	131	4	33.3	1 749.322 0		
4	272	20	20.2	1 950.412 0		
C	244	18	30.0		4 817.605 0	9 341.482 0
D					4 467.524 3	8 404.762 4

利用平差易软件进行导线平差的过程如下：

1）第一步：录入原始数据

在平差易软件中输入以上数据，如图 2-39 所示。

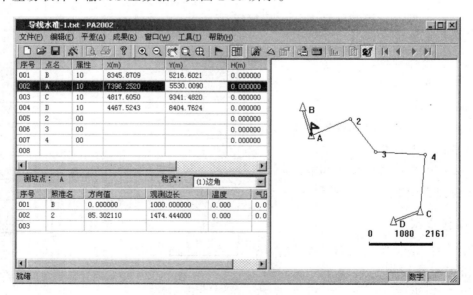

图 2-39　数据输入

在测站信息区中输入 A，B，C，D，2，3 和 4 号测站点，其中 A，B，C，D 为已知坐标点，其属性为 10，其坐标如表 2-12；2、3、4 点为待测点，其属性为 00，其他信息为空。如果要考虑温度、气压对边长的影响，就需要在观测信息区中输入每条边的实际温度、气压值，然后通过概算来进行改正。

根据控制网的类型选择数据输入格式，此控制网为边角网，选择边角格式。如图 2-40 所示。

图 2-40　选择格式

在观测信息区中输入每一个测站点的观测信息，为了节省空间只截取观测信息的部分表格示意图。

B，D 作为定向点，它没有设站，所以无观测信息，但在测站信息区中必须输入它们的坐标。

以 A 为测站点，B 为定向点时（定向点的方向值必须为零），照准 2 号点的数据输入如图 2-41 所示。

测站点：A			格式：	(1)边角	
序号	照准名	方向值	观测边长	温度	气压
001	B	0.000000	1000.000000	0.000	0.000
002	2	85.302110	1474.444000	0.000	0.000

图 2-41　测站 A 的观测信息

以 C 为测站点，以 4 号点为定向点时，照准 D 点的数据输入如图 2-42 所示。

测站点：C			格式：	(1)边角	
序号	照准名	方向值	观测边长	温度	气压
001	4	0.000000	0.000000	0.000	0.000
002	D	244.183000	1000.000000	0.000	0.000

图 2-42　测站 C 的观测信息

2 号点作为测站点时，以 A 为定向点，照准 3 号点，如图 2-43 所示。

测站点：2			格式：	(1)边角	
序号	照准名	方向值	观测边长	温度	气压
001	A	0.000000	0.000000	0.000	0.000
002	3	254.323220	1424.717000	0.000	0.000

图 2-43　测站 2 的观测信息

以 3 号点为测站点，以 2 号点为定向点时，照准 4 号点的数据输入如图 2-44 所示。
以 4 号点为测站点，以 3 号点为定向点时，照准 C 点的数据输入如图 2-45 所示。

测站点： 3				格式：	(1)边角	
序号	照准名	方向值	观测边长	温度	气压
001	2	0.000000	0.000000	0.000	0.000
002	4	131.043330	1749.322000	0.000	0.000

图 2-44　测站 3 的观测信息

测站点： 4				格式：	(1)边角	
序号	照准名	方向值	观测边长	温度	气压
001	3	0.000000	0.000000	0.000	0.000
002	C	272.202020	1950.412000	0.000	0.000

图 2-45　测站 4 的观测信息

注：① 数据为空或前面已输入过时可以不输入（对向观测例外）。

② 在电子表格中输入数据时，所有零值可以省略不输。

以上数据输入完后，点击菜单"文件\另存为"，将输入的数据保存为平差易数据格式文件：

[STATION] （测站信息）

B,10,8345.870900,5216.602100

A,10,7396.252000,5530.009000

C,10,4817.605000,9341.482000

D,10,4467.524300,8404.762400

2,00

3,00

4,00

[OBSER] （观测信息）

A,B,,1000.0000

A,2,85.302110,1474.4440

C,4

C,D,244.183000,1000.0000

2,A

2,3,254.323220,1424.7170

3,2

3,4,131.043330,1749.3220

4,3

4,C,272.202020,1950.4120

上面[STATION]（测站点）是测站信息区中的数据，[OBSER]（照准点）是观测信息区中的数据。

2）第二步：近似坐标推算

根据已知条件（测站点信息和观测信息）推算出待测点的近似坐标，作为构成动态网图和导线平差的基础。

用鼠标点击菜单"平差\推算坐标"即可进行坐标的推算，如图 2-46 所示。

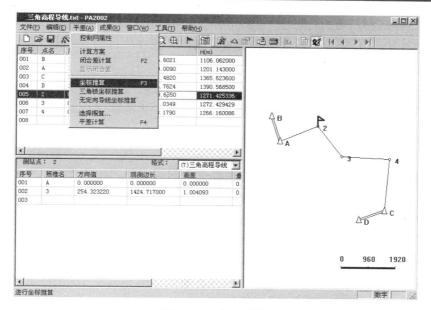

图 2-46　坐标推算

注意：每次打开一个已有数据文件时，PA2002 会自动推算各个待测点的近似坐标，并把近似坐标显示在测站信息区内。当数据输入或修改原始数据时则需要用此功能重新进行坐标推算。

3）第三步：选择概算

主要对观测数据进行一系列的改化，根据实际的需要来选择其概算的内容并进行坐标的概算，如图 2-47 所示。

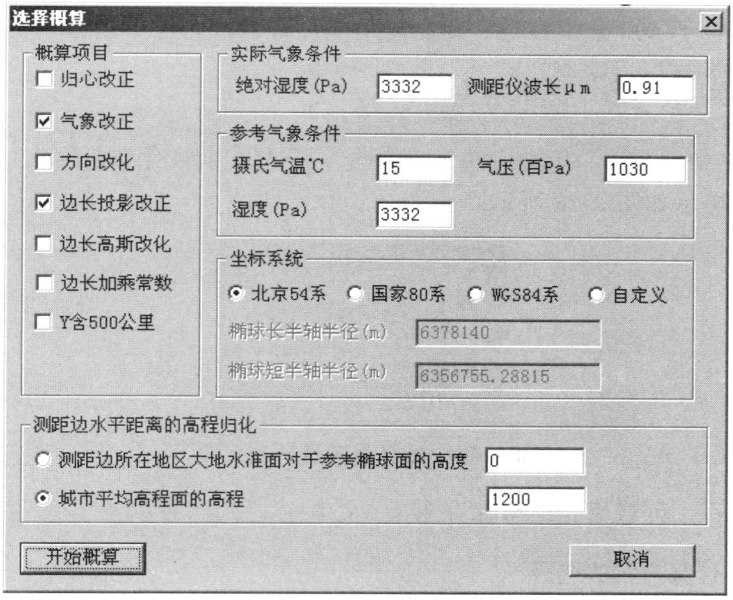

图 2-47　选择概算

选择概算的项目有：归心改正、气象改正、方向改化、边长投影改正、边长高斯改化、边长加乘常数改正和 Y 含 500 公里。需要参入概算时就在项目前打"√"即可。

（1）归心改正

归心改正即根据归心元素对控制网中的相应方向做归心计算。在平差易软件中只有在输入了测站偏心或照准偏心的偏心角和偏心距等信息时才能够进行此项改正。若没有进行偏心测量，则概算时就不进行此项改正。

（2）气象改正

气象改正就是改正测量时温度、气压和湿度等因素对测距边的影响。

注意：如果外业作业时已经对边长进行了气象改正或忽略气象条件对测距边的影响，那么就不用选择此项改正。如果选择了气象改正就必须输入每条观测边的温度和气压值，否则将每条边的温度和气压分别当做零来处理。

（3）方向改化

方向改化是将椭球面上方向值归算到高斯平面上。

（4）边长投影改正

边长投影改正的方法有两种：一种为已知测距边所在地区大地水准面对于参考椭球面的高度而对测距边进行投影改正；另一种为将测距边投影到城市平均高程面的高程上。

（5）边长高斯改化

边长高斯改化也有两种方法，它是根据"测距边水平距离的高程归化"的选择不同而不同。

（6）边长加乘常数改正

利用测距仪的加乘常数对测边进行改正。

（7）Y 含 500 公里

若 Y 坐标包含了 500 公里常数，则在高斯改化时，软件将 Y 坐标减去 500 公里后再进行相关的改化和平差。

（8）坐标系

54 系（54 年坐标系），80 系（80 年坐标系），84 系（84 年坐标系）。

概算结束后提示如图 2-48 所示。

图 2-48　概算保存选择对话框

点击"是"后，可将概算结果保存为 txt 文本。

4）第四步：计算方案的选择

选择控制网的等级、参数和平差方法。

注意：对于同时包含了平面数据和高程数据的控制网，如三角网和三角高程网并存的控制网，一般处理过程应为：先进行平面网处理，然后在高程网处理时 PA2005 会使用已经较为准确的平面数据，如距离等，来处理高程数据。对精度要求很高的平面高程混合网，也可以在平面和高程处理间多次切换，迭代出精确的结果。

用鼠标点击菜单"平差\平差方案"即可进行参数的设置，如图 2-49 所示。

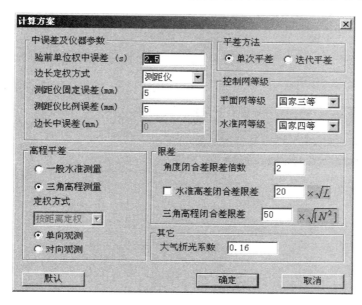

图 2-49　参数设置

（1）选择平面控制网的等级

PA2002 提供的平面控制网等级有：国家二等、三等、四等，城市一级、二级，图根及自定义。此等级与它的验前单位权中误差是一一对应的。

（2）边长定权方式

包括测距仪、等精度观测和自定义。根据实际情况选择定权方式。

① 测距仪定权：通过测距仪的固定误差和比例误差计算出边长的权。

"测距仪固定误差"和"测距仪比例误差"是测距仪的检测常数，它根据测距仪的实际检测数值（单位为毫米）来输入的（此值不能为零或空）。

② 等精度观测：各条边的观测精度相同，权也相同。

③ 自定义：自定义边长中误差。此中误差为整个网的边长中误差，它可以通过每条边的中误差来计算。

闭合差计算限差倍数：闭合导线的闭合差容许超过限差（$M\sqrt{N}$）的最大倍数。

水准高差闭合差限差：规范容许的最大水准高差闭合差。其计算公式：$n\sqrt{L}$，其中 n 为可变的系数，L 为闭合路线总长，以千米为单位。如果在"水准高差闭合差限差"前打"√"可输入一个高程固定值作为水准高差闭合差。

三角高程闭合差限差：规范容许的最大三角高程闭合差。其计算公式：$n\sqrt{[N^2]}$，其中

n 为可变的系数，N 为测段长，以千米为单位，N^2 为测段距离平方和。

大气折光系数：改正大气折光对三角高程的影响，其计算公式：$\Delta H = \dfrac{1-K}{2R}S^2$，其中 K 为大气垂直折光系数（一般为 $0.10 \sim 0.14$），S 为两点之间的水平距离，R 为地球曲率半径。此项改正只对三角高程起作用。

5）第五步：闭合差计算与检核

根据观测值和"计算方案"中的设定参数来计算控制网的闭合差和限差，从而来检查控制网的角度闭合差或高差闭合差是否超限，同时检查分析观测粗差或误差。点击"平差\闭合差计算"，如图 2-50 所示。

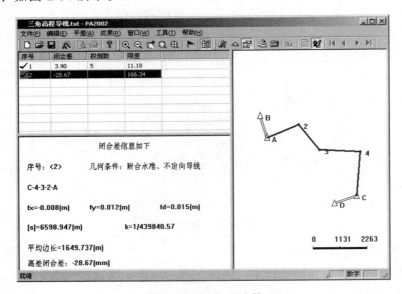

图 2-50　闭合差计算

左边的闭合差计算结果与右边的控制网图是动态相连的（右图中用红色表示闭合导线或中点多边形），它将数和图有机地结合在一起，使计算更加直观、检测更加方便。

闭合差：表示该导线或导线网的观测角度闭合差。

权倒数：导线测角的个数。

限差：其值为权倒数开方×限差倍数×单位权中误差（平面网为测角中误差）。

对导线网，闭合差信息区包括 f_x、f_y、f_d、k、最大边长、平均边长以及角度闭合差等信息。若为无定向导线则无 f_x、f_y、f_d、k 等项。闭合导线中若边长或角度输入不全也没有 f_x、f_y、f_d、k 等项。

在闭合差计算过程中"序号"前面"!"表示该导线或网的闭合差超限，"√"表示该导线或网的闭合差合格。"X"则表示该导线没有闭合差。

注意：闭合导线中没有 f_x、f_y、f_d、$[s]$、k 和平均边长的原因为该闭合导线数据输入中边长或角度输入不全（要输入所有的边长和角度）。

通过闭合差可以检核闭合导线是否超限，甚至可检查到某个点的角度输入是否有错。

6）第六步：平差计算

用鼠标点击菜单"平差\平差计算"即可进行控制网的平差计算，如图 2-51 所示。

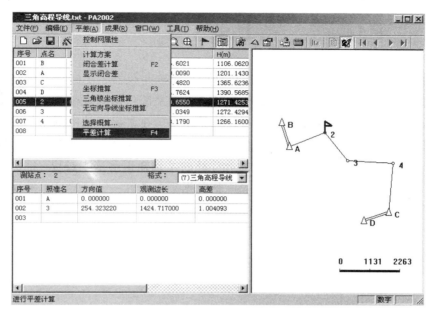

图 2-51　平差计算

平面网可按"方向"或"角度"进行平差，它根据验前单位权中误差（单位：° ′ ″）和测距的固定误差（单位：m）及比例误差（单位：10^{-6}）来计算。

7）第七步：平差报告的生成与输出

（1）精度统计表

点击菜单"成果\精度统计"即可进行该数据的精度分析。

精度统计主要统计在某一误差分配的范围内点的个数。在此直方图统计表中可以看出在误差 2～3 cm 区分配的点最多为 11 个点，在 0～1 cm 区分配的点有 3 个。

（2）网形分析

点击菜单"成果\网形分析"即可进行网形分析。

最弱信息：最弱点（离已知点最远的点），最弱边（离起算数据最远的边）。

边长信息：总边长，平均边长，最短边长，最大边长。

角度信息：最小角度，最大角度（测量的最小或最大夹角）。

（3）平差报告

平差报告包括控制网属性、控制网概况、闭合差统计表、方向观测成果表、距离观测成果表、高差观测成果表、平面点位误差表、点间误差表、控制点成果表等。也可根据自己的需要选择显示或打印其中某一项，成果表打印时其页面也可自由设置。它不仅能在 PA2002 中浏览和打印，还可输入到 Word 中进行保存和管理。

输出平差报告之前可进行报告属性的设置。设置内容有：成果输出、统计页、观测值、精度表、坐标表、闭合差等，需要打印某种成果表时就在相应的成果表前打"√"即可。

项目小结

本项目介绍了常规平面控制测量中所用到的精密测角仪器、测距仪器的结构特点、观测原理及操作方法，探讨了影响观测成果质量的误差来源、影响规律及消除（削弱）误差的措施，并针对导线测量总结了外业观测的操作原则。在掌握了精密测角、测距基础知识后，本项目详细介绍了导线测量实施的基本过程，包括导线测量的外业实施（导线点的选点与埋石、导线测量的外业观测）、导线内业计算的基础知识及基本过程。针对平面控制测量内业数据处理复杂的特点，本项目引入一款数据平差软件——平差易，并以附合导线为例，介绍其数据处理的方法与过程。

思考与练习题

1. 经纬仪望远镜的目镜有什么作用？作业时为什么首先要消除视差？

2. 经纬仪的读数设备包括哪几部分？各有什么作用？

3. 正确理解光学测微器行差的意义、测定行差的基本原理，在观测结果中如何进行行差改正？

4. 什么是经纬仪的三轴误差？如何测定？它们对水平角观测有何影响？在观测时采用什么措施来减弱或消除这些影响？

5. 用两个度盘位置取平均值的方法消除视准轴误差影响的前提条件是什么？

6. 影响方向观测精度的误差主要分哪三大类？各包括哪些主要内容？

7. 何谓水平折光差？为什么说由它引起的水平方向观测误差呈系统误差性质？在作业中应采取什么措施来减弱其影响？

8. 重测的含义是什么？国家规范对一个测站上的重测有哪些规定？重测和补测在程序和方法上有何区别？

9. 相位式测距仪测距的基本原理是什么？试简述其中的 N 值确定方法。

10. 测距误差共有哪些？哪些属于比例误差？哪些属于固定误差？

11. 测距仪显示的斜距平均值中要加入哪些改正才能化为椭球面上的距离？

12. 试叙述野外布测导线的全过程，各个环节都应注意什么？

13. 导线测量的概算步骤有哪些？

项目三　卫星定位平面控制测量

■ 项目提要

本项目主要介绍了 GPS 卫星定位的基础知识，影响 GPS 观测的误差的来源、规律及消除（削弱）方法，卫星定位平面控制测量的技术设计、外业数据采集以及内业数据解算等内容、方法和工作过程。

■ 学习目标

1. 知识目标

了解 GPS 定位的工作原理及相关基础知识；知晓 GPS 接收机的使用方法及影响 GPS 观测的误差来源与消除（削弱）误差的方法；掌握 GPS 平面控制测量的技术设计、外业实施、内业数据处理的基本内容、方法及工作过程。

2. 技能目标

熟练使用 GPS 接收机及 GPS 数据处理软件；能够以团队协作的方式完成 GPS 平面控制测量的技术设计、外业实施的工作过程；正确操作 GPS 数据处理软件对 GPS 外业观测数据进行基线解算、平差等数据处理，获得符合测量规范要求的 GPS 平面控制测量成果。

3. 素质目标

培养按照 GPS 测量规范对观测过程及结果进行质量控制的意识和基本素养；培养沟通交流的习惯，分工协作的团队意识；逐渐养成善于发现问题、分析问题、解决问题的工作习惯及认真细致、实事求是的工作作风。

■ 关键内容

1. 重点

GPS 的定位原理及 GPS 接收机的操作方法；GPS 平面控制测量的技术设计；GPS 平面控制测量的外业实施。

2. 难点

影响 GPS 测量的误差来源、影响规律及消除（削弱）方法；利用 GPS 数据处理软件对外业观测数据进行解算与平差处理。

任务一　全球定位系统（GPS）概述

卫星定位技术是利用人类地球卫星进行点位测量的技术。利用卫星定位技术建立地面控制网，具有精度高、速度快、费用低、全天候等优点。目前，随着卫星定位技术和数据处理软件的不断完善，卫星定位技术已经成为建立平面控制网的主要方法。

一、全球卫星导航定位系统的概念

全球卫星导航定位系统（Global Navigation Satellite System，GNSS）是一种以卫星为基础的无线电导航系统。系统可发送高精度，全天候，连续，实时的导航、定位和授时信息，是一种可供海陆空领域的军民用户共享的信息资源。卫星导航定位是指利用卫星导航定位系统提供位置、速度及时间等信息来完成对各种目标的定位、导航、监测和管理。目前主要包括美国的 GPS、俄罗斯的 Glonass、欧洲的 Galileo、中国的北斗卫星导航系统。GPS 具有应用时间早、性能好、精度高、应用广的特点，是迄今测绘行业应用最广的导航定位系统。

二、全球定位系统（GPS）及其组成

全球定位系统（Global Positioning System，GPS）是美国第二代卫星导航系统。是在子午仪卫星导航系统的基础上发展起来的，它采纳了子午仪系统的成功经验。和子午仪系统一样，全球定位系统由空间部分、地面监控部分和用户接收机三大部分组成。

按目前的方案，全球定位系统的空间部分使用 24 颗高度约 20 200 km 的卫星组成卫星星座。21 + 3 颗卫星均为近圆形轨道，运行周期约为 11 h 58 min，分布在六个轨道面上（每轨道面四颗），轨道倾角为 55 度。卫星的分布使得在全球的任何地方，任何时间都可观测到四颗以上的卫星，并能保持良好定位解算精度的几何图形（DOP）。这就提供了在时间上连续的全球导航能力。

地面监控部分包括 5 个监控站、3 个注入站和一个主控站。

主控站设在范登堡空军基地，它对地面监控部实行全面控制。主控站主要任务是收集各监控站对 GPS 卫星的全部观测数据，利用这些数据计算每颗 GPS 卫星的轨道和卫星钟改正值。注入站现有 3 个，分别设在印度洋的迭哥加西亚、南大西洋的阿松森岛和南太平洋的卡瓦加兰。注入站的主要任务是在主控站的控制下，将主控站推算和编制的卫星星历、钟差、导航电文和其他控制指令等，注入相应卫星的存储系统，并监测注入信息的正确性。

现有的 5 个地面站均具有监测站的功能。监测站是在主控站的直接控制下的数据自动采集中心。站内设有双频 GPS 接收机、高精度原子钟、计算机、环境数据传感器。接收机

对 GPS 卫星进行不间断观测，以采集数据和监测卫星的工作状况。原子钟提供时间标准，而环境传感器收集有关当地的气象数据。所有观测资料由计算机进行初步处理，并存储和传送到主控站，并用以确定卫星的轨道。

三、GPS 的基本定位原理

测量学中有测距交会确定点位的方法。与其相似，卫星定位系统的定位原理也是利用测距交会的原理确定点位。利用三个以上卫星的已知空间位置又可交会出地面未知点（用户接收机）的位置。

GPS 卫星发射测距信号和导航电文，导航电文中含有卫星的位置信息。用户用 GPS 接收机在某一时刻同时接收三颗以上的 GPS 卫星信号，测量出测站点（接收机天线中心）P 至三颗以上 GPS 卫星的距离并解算出该时刻 GPS 卫星的空间坐标，据此利用距离交会法解算出测站 P 的位置。如图 3-1 所示，设在时刻 t 在测站点 P 用 GPS 接收机同时测得 P 点至三颗 GPS 卫星 S_1，S_2，S_3 的距离 ρ_1，ρ_2，ρ_3，通过 GPS 导航电文解译出该时刻三颗 GPS 卫星的三维坐标分别为（X^j，Y^j，Z^j），$j = 1$，2，3。用距离交会的方法求解 P 点的三维坐标（X，Y，Z）的观测方程为：

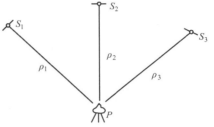

图 3-1 GPS 定位原理

$$\left.\begin{array}{l} \rho_1^2 = (X-X^1)^2 + (Y-Y^1)^2 + (Z-Z^1)^2 \\ \rho_2^2 = (X-X^2)^2 + (Y-Y^2)^2 + (Z-Z^2)^2 \\ \rho_3^2 = (X-X^3)^2 + (Y-Y^3)^2 + (Z-Z^3)^2 \end{array}\right\} \qquad (3-1)$$

在 GPS 定位中，GPS 卫星是高速运动的卫星，其坐标值随时间在快速变化着。需要实时地由 GPS 卫星信号测量出测站至卫星之间的距离，实时地由卫星的导航电文解算出卫星的坐标值，并进行测站点的定位。

依据测距的原理，其定位原理与方法主要有伪距法定位、载波相位测量定位以及差分 GPS 定位等。对于待定点来说，根据其运动状态又可以将 GPS 定位分为静态定位和动态定位。静态定位指的是对于固定不动的待定点，将 GPS 接收机安置于其上，观测数分钟乃至更长的时间，以确定该点的三维坐标，又叫绝对定位。若以两台 GPS 接收机分别置于两个固定不变的待定点上，则通过一定时间的观测，可以确定两个待定点之间的相对位置，又叫相对定位。而动态定位则至少有一台接收机处于运动状态，测定的是各观测时刻（观测历元）运动中的接收机的点位（绝对点位或相对点位）。

伪距测量（pseudo-range measurement）是在用全球定位系统进行导航和定位时，用卫星发播的伪随机码与接收机复制码的相关技术，测定测站到卫星之间的、含有时钟误差和大气层折射延迟的距离的技术和方法。测得的距离含有时钟误差和大气层折射延迟，而非"真实距离"，故称伪距。

载波相位测量（carrier phase measurement）是利用接收机测定载波相位观测值或其差分观测值，经基线向量解算以获得两个同步观测站之间的基线向量坐标差的技术和方法。由接收机在某一指定历元产生的基准信号的相位与此时接收到的卫星载波信号的相位之差（亦称瞬时载波相位差），将此值按测站、卫星、观测历元 3 个要素对其进行差分处理而得到的间接观测值（称载波相位的差分观测值）。

按求差分的次数，可分为一次差、二次差、三次差观测值。此两观测值中包含卫星至接收机的距离信息，而它连同卫地距的时间变化，均为卫星与接收机位置的函数，故可用其进行接收机定位和卫星定轨。此种测量可用于较精密的绝对定位，尤适于高精度的相对定位。

四、全球定位系统的观测误差及消除方法

在卫星定位测量中，影响观测量精度的主要误差来源可分为三类：与 GPS 卫星有关的误差；与信号传播有关的误差；与接收设备有关的误差。

1. 与卫星有关的误差

（1）卫星星历误差

卫星星历误差是指卫星星历给出的卫星空间位置与卫星实际位置间的偏差，由于卫星空间位置是由地面监控系统根据卫星测轨结果计算求得的，所以又称为卫星轨道误差。它是一种起始数据误差，其大小取决于卫星跟踪站的数量及空间分布、观测值的数量及精度、轨道计算时所用的轨道模型及定轨软件的完善程度等。星历误差是 GPS 测量的重要误差来源。

（2）卫星钟差

卫星钟差是指 GPS 卫星时钟与 GPS 标准时间的差别。为了保证时钟的精度，GPS 卫星均采用高精度的原子钟，但它们与 GPS 标准时之间的偏差和漂移总量仍在 1 ~ 0.1 ms 以内，由此引起的等效误差将达到 30 ~ 300 km。这是一个系统误差，必须加以修正。

（3）SA 干扰误差

SA 误差是美国军方为了限制非特许用户利用 GPS 进行高精度点定位而采用的降低系统精度的政策，简称 SA 政策，它包括降低广播星历精度的 ε 技术和在卫星基本频率上附加一随机抖动的 δ 技术。实施 SA 技术后，SA 误差已经成为影响 GPS 定位误差的最主要因素。虽然美国在 2000 年 5 月 1 日取消了 SA，但是战时或必要时，美国可能恢复或采用类似的干扰技术。

SA 技术其主要内容是：① 在广播星历中有意地加入误差,使定位中的已知点（卫星）的位置精度大为降低；② 有意地在卫星钟的钟频信号中加入误差,使钟的频率产生快慢变化,导致测距精度大为降低。

（4）相对论效应的影响

这是由于卫星钟和接收机所处的状态（运动速度和重力位）不同引起的卫星钟和接收

机钟之间的相对误差。

2. 与传播途径有关的误差

（1）电离层折射

在地球上空距地面 50～100 km 的电离层中,气体分子受到太阳等天体各种射线辐射产生强烈电离,形成大量的自由电子和正离子。当 GPS 信号通过电离层时,与其他电磁波一样,信号的路径要发生弯曲,传播速度也会发生变化,从而使测量的距离发生偏差,这种影响称为电离层折射。对于电离层折射可用 3 种方法来减弱它的影响：① 利用双频观测值,利用不同频率的观测值组合来对电离层的延迟进行改正。② 利用电离层模型加以改正。③ 利用同步观测值求差,这种方法对于短基线的效果尤为明显。

（2）对流层折射

对流层的高度为 40 km 以下的大气底层, 其大气密度比电离层更大,大气状态也更复杂。对流层与地面接触并从地面得到辐射热能, 其温度随高度的增加而降低。GPS 信号通过对流层时,也使传播的路径发生弯曲,从而使测量距离产生偏差,这种现象称为对流层折射。减弱对流层折射的影响主要有 3 种措施：① 采用对流层模型加以改正,其气象参数在测站直接测定。② 引入描述对流层影响的附加待估参数,在数据处理中一并求得。③ 利用同步观测量求差。

（3）多路径效应

测站周围的反射物所反射的卫星信号（反射波）进入接收机天线,将和直接来自卫星的信号（直接波）产生干涉,从而使观测值偏离,产生所谓的"多路径误差"。这种由于多路径的信号传播所引起的干涉时延效应被称作多路径效应。减弱多路径误差的方法主要有：① 选择合适的站址。测站不宜选择在山坡、山谷和盆地中,应离开高层建筑物。② 选择较好的接收机天线,在天线中设置径板,抑制极化特性不同的反射信号。

3. 与 GPS 接收机有关的误差

（1）接收机钟差

GPS 接收机一般采用高精度的石英钟,接收机的钟面时与 GPS 标准时之间的差异称为接收机钟差。把每个观测时刻的接收机钟差当做一个独立的未知数,并认为各观测时刻的接收机钟差间是相关的, 在数据处理中与观测站的位置参数一并求解, 可减弱接收机钟差的影响。

（2）接收机的位置误差

接收机天线相位中心相对测站标石中心位置的误差,叫接收机位置误差。其中包括天线置平和对中误差, 量取天线高误差。在精密定位时, 要仔细操作, 来尽量减少这种误差影响。在变形监测中, 应采用有强制对中装置的观测墩。相位中心随着信号输入的强度和方向不同而有所变化, 这种差别叫天线相位中心的位置偏差。这种偏差的影响可达数毫米至厘米。而如何减少相位中心的偏移是天线设计中的一个重要问题。在实际工作中若使用同一类天线, 在相距不远的两个或多个测站同步观测同一组卫星, 可通过观测值求差来减弱相位偏移的影响。但这时各测站的天线均应按天线附有的方位标进行定向，使之根据罗盘指向磁北极。

（3）接收机天线相位中心偏差

在 GPS 测量时，观测值都是以接收机天线的相位中心位置为准的，而天线的相位中心与其几何中心，在理论上应保持一致。但是观测时天线的相位中心随着信号输入的强度和方向不同而有所变化，这种差别叫天线相位中心的位置偏差。这种偏差的影响可达数毫米至厘米。而如何减少相位中心的偏移是天线设计中的一个重要问题。

任务二　GPS 控制网的布设

GPS 测量的技术设计是进行 GPS 定位的最基本性工作，技术设计要依据国家有关规范（规程），并充分顾及到 GPS 网的用途、用户的要求等因素，对 GPS 测量工作的网形、精度及基准等做具体的设计。

一、GPS 网技术设计的依据

GPS 网技术设计的主要依据是 GPS 测量规范（规程）和测量任务书。

1. GPS 测量规范（规程）

GPS 测量规范（规程）是国家测绘管理部门或行业部门制定的技术法规，目前 GPS 网设计依据的规范（规程）有：

（1）2009 年国家质量监督检验检疫总局和国家标准化管理委员会发布的《全球定位系统（GPS）测量规范》（GB/T 18314—2009），以下简称《GB 规范》。

（2）2005 年国家测绘局发布的行业标准《全球导航卫星系统连续运行参考站网建设规范》（CH/T 2008—2005）。

（3）1998 年交通部发布的交通行业标准《公路全球定位系统（GPS）测量规范》（JTJ/T 066—98），以下简称《JT 规范》。

（4）1997 年建设部发布的建设行业标准《全球定位系统城市测量技术规程》（CJJ 73—97），以下简称《JJ 规程》。

（5）各部委根据本部门 GPS 测量的实际情况所制定的其他 GPS 测量规程及细则。

2. 测量任务书

测量任务书或测量合同是测量施工单位上级主管部门或合同甲方下达的技术要求文件。这种技术文件是指令性的，它规定了测量任务的范围、目的、精度和密度要求，提交成果资料的项目和时间，完成任务的经济指标等。

在 GPS 方案设计时，一般首先依据测量任务书提出的 GPS 网的精度、密度和经济指标，再结合规范（规程）规定并现场踏勘具体确定各点间的连接方法，各点设站观测的次数、时段长短等布网观测方案。

二、GPS 网的精度、密度设计

1. GPS 测量精度标准及分类

精度是用来衡量 GPS 网的坐标参数估值受偶然误差影响程度的指标。GPS 控制网虽然不存在常规控制网的那种逐级控制问题，但是，不同的 GPS 网的应用目的不同，其精度要求也不相同。在《GB 规范》中，GPS 测量按其精度划分为 AA、A、B、C、D、E 六个精度级别。AA、A 级 GPS 网主要用于全球性地球动力学、精密定轨、地壳形变及国家基本大地测量；B 级主要用于局部形变监测和各种精密工程测量；C 级主要用于大、中城市及工程测量的基本控制网；D、E 主要用于中、小城市、城镇及测图、地籍、地信、房产、物探、勘测、建筑工程等的控制测量。

精度分级见表 3-1 和表 3-2。

表 3-1 《GB 规范》的 GPS 测量精度分级

级别	主要用途	固定误差 a/mm	比例误差 b/×10^{-6}
AA	全球性的动力学研究、地壳变形测量和精密规定	≤3	≤0.01
A	区域性的地球动力学研究和地壳变形测量	≤5	≤0.1
B	局部变形监测和各种精密工程测量	≤8	≤1
C	大、中城市及工程测量基本控制网	≤10	≤5
D	中、小城市及测图、物探、建筑施工等控制测量	≤10	≤10
E		≤10	≤20

表 3-2 《JJ 规程》的 GPS 测量精度分级

等级	平均距离/km	a/mm	b/×10^{-6}	最弱边相对中误差
二	9	≤10	≤2	1/12 万
三	5	≤10	≤5	1/8 万
四	2	≤10	≤10	1/4.5 万
一级	1	≤10	≤10	1/2 万
二级	<1	≤15	≤20	1/1 万

注：当边长小于 200 m 时，以边长中误差小于 20 mm 来衡量。

各等级 GPS 相邻点间弦长精度用式（3-2）表示。

$$\delta = \sqrt{a^2 + (bd)^2} \tag{3-2}$$

式中，δ 为 GPS 基线向量的弦长中误差（mm），亦即等效距离中误差；a 为 GPS 接收机标称精度中的固定误差（mm）；b 为 GPS 接收机标称精度中的比例误差系数（×10^{-6}）；d

为 GPS 网中相邻点间的距离（km）。

在实际工作中，精度标准的确定要在遵守有关规范的前提下，根据任务合同、任务书的要求或用户的实际需要来确定。在具体布设中，可以分级布设，也可以越级布设，或布设同级全面网。

2. GPS 点的密度标准

各种不同的任务要求和服务对象，对 GPS 点的分布要求也不同。对于国家特级（A 级）基准点及大陆地球动力学研究监测所布设的 GPS 点，主要用于提供国家级基准、精密定轨、星历计划及高精度形变信息，所以布设时平均距离可达数百千米。而一般城市和工程测量布设点的密度主要满足测图加密和工程测量需要，平均边长往往在几千米以内。因此，现行《规范》对 GPS 网中两相邻点间距离视其需要做出如表 3-3 所示的规定。现行《规程》对各等级 GPS 网相邻点的平均距离也在表 3-2 作了规定。

表 3-3　GPS 网中相邻点间距离（单位：km）

项　　目 ＼ 级　别	A	B	C	D	E
相邻点最小距离	100	15	5	2	1
相邻点最大距离	2 000	250	40	25	10
相邻点平均距离	300	70	10～15	5～10	2～5

三、GPS 网的基准设计

GPS 测量获得的是 GPS 基线向量，它属于 WGS-84 坐标系的三维坐标差，而实际我们需要的是国家坐标系或地方独立坐标系的坐标。所以在 GPS 网的技术设计时，必须明确 GPS 成果所采用的坐标系统和起算数据，即明确 GPS 网所采用的基准。我们将这项工作称之为 GPS 网的基准设计。

GPS 网的基准包括位置基准、方位基准和尺度基准，现分述如下：

1. 方位基准的确定

（1）给定网内某条边的方位角值。
（2）由网内两个以上的地方坐标系的已知坐标来确定网的方位基准。
（3）直接由 GPS 基线向量的方位来确定。

2. 尺度基准的确定

（1）由地面的高精度电磁波测距边长确定。
（2）由网内两个以上的起算点间的距离确定。
（3）直接由 GPS 基线向量的距离来确定。

3. 位置基准的确定

位置基准的确定，应充分考虑以下几个问题：

（1）为求定 GPS 点在地方坐标系（含国家坐标系）的坐标，应联测地方坐标系中的控制点若干个，用以坐标转换。在选择联测点时既要考虑充分利用旧资料，又要使新建的高精度 GPS 网不受旧资料精度较低的影响。因此，大中城市 GPS 控制网应与附近的国家控制点联测 3 个以上。小城市或工程控制可以联测 2～3 个点。

（2）为保证 GPS 网进行约束平差后坐标精度的均匀性以及减少尺度比误差影响，对 GPS 网内重合的高等级国家点或原城市等级控制点，除未知点连结图形观测外，对它们也要适当地构成长边图形。

（3）GPS 网经平差计算后，可以得到 GPS 点在地面参照坐标系中的大地高，为求得 GPS 点的正常高，可根据具体情况联测高程点，联测的高程点需均匀分布于网中，对丘陵或山区联测高程点应按高程拟合曲面的要求进行布设。具体联测宜采用不低于四等水准或与其精度相等的方法进行。GPS 点高程在经过精度分析后可供测图或其他方面使用。

（4）新建 GPS 网的坐标系应尽量与测区过去采用的坐标系统一致，如果采用的是地方独立或工程坐标系，一般还应该知道以下参数，以利于进行坐标系的转换：

① 所采用的参考椭球；② 坐标系的中央子午线经度；③ 纵横坐标加常数；④ 坐标系的投影面高程及测区平均高程异常值；⑤ 起算点的坐标值。

四、GPS 网构成的几个基本概念及网的特征条件

在进行 GPS 网图形设计前，必须明确有关 GPS 网构成的几个概念，掌握网的特征条件计算方法。

1. GPS 测量的专用术语

为了理解和叙述方便，这里先对 GPS 测量中的一些专用术语加以介绍。

（1）观测时段（obervation session）

从测站上开始接收卫星信号起至停止观测间的连续工作时间段称为观测时段，简称时段。时段持续的时间称为时段长度。时段是 GPS 测量观测工作的基本时间单位，不同精度等级的 GPS 测量对每点观测的时段数和时段长度均有不同的要求。

（2）同步观测（simultaneous observation）

同步观测是指使用两台或两台以上 GPS 接收机，在相同的时段内连续跟踪接收相同卫星组的信号。只有进行同步观测，才有可能通过在接收机间求差的方式来消除或大幅度削弱卫星星历误差、卫星星钟钟差、电离层延迟等这些具有强空间相关性的因素对相对定位结果的影响。因此，同步观测是进行相对定位时必须遵循的一条原则。

（3）基线向量

基线向量是利用进行同步观测的 GPS 接收机所采集的观测数据计算出的接收机间的三维坐标差，简称基线，其与计算时所采用的卫星轨道数据同属一个坐标参照系。基线向量

是 GPS 相对定位的结果，在建立 GPS 网的过程中，它是网平差时的观测量。

（4）复测基线及长度较差

在某两个测站间，由多个时段的同步观测数据所获得的多个基线向量结算结果称为复测基线。两条复测基线的分量较差的平方和开方称为复测基线的长度较差。

（5）闭合环及环闭合差

闭合环是由多条基线向量首尾相连所构成的闭合图形。环闭合差是组成闭合环的基线向量按同一方向的矢量和。

（6）同步观测环和同步环检验

同步观测环（simultaneous observation loop）是三台或三台以上的 GPS 接收机进行同步观测所获得的基线向量构成的闭合环，简称为同步环。同步环闭合差从理论上讲应等于零，若基线向量采用单基线解模式求解，由于计算环中各基线向量时所用的观测资料和处理方式实际上并不严格相同，数据处理软件不够完善，以及计算过程中舍入误差等原因，同步环闭合差实际上并不为零。同步环闭合差可以从某一侧面反映 GPS 测量的质量，但对中误差、量取天线高粗差等无法反映。

（7）独立基线向量

若一组基线向量中的任何一条基线向量皆无法用该组中其他基线向量的线性组合来表示，则该组基线向量就是一组独立的基线向量。满足以下条件之一的一组基线向量均为独立基线向量：

① 一组未构成任何闭合环的基线向量；

② 一组虽然构成了若干闭合环的基线向量，但所构成的环均为非同步环。

用 N 台 GPS 接收机进行同步观测时，可求得 $N(N-1)/2$ 条基线向量，但其中只有 $N-1$ 条基线向量是独立基线向量。

（8）独立观测环和独立环检验

独立观测环（independent observation loop）是指由独立基线所构成的闭合环，即前面的非同步观测环，也被称为异步环。我们可以根据 GPS 测量的精度要求，为独立环闭合差制定一个合适的限差（GPS 测量规范中已作了相应的规定）。这样，用户就能通过此项检验较为科学地评定 GPS 测量的质量。与同步环检验相比，独立环检验能更加充分地暴露出基线向量中存在的问题，更客观地反映 GPS 测量的质量。

（9）数据剔除率（percentage of data rejection）

同一时段中，删除的观测值个数与应获取的观测值总数的比值。

（10）天线高（antenna height）

观测时接收机天线相位中心至测站中心标志面的高度。

（11）参考站（reference station）

在一定的观测时间内，一台或几台接收机分别固定在一个或几个测站上，一直保持跟踪观测卫星，其余接收机在这些测站的一定范围内流动设站作业，这些固定测站就称为参考站。

（12）流动站（roving station）

在参考站一定范围内流动设站作业的接收机所设测站。

（13）GPS 静态定位测量（static GPS positioning）

通过在多个测站上进行若干时段同步观测，确定测站之间相对位置的 GPS 定位测量。

（14）GPS 快速静态定位测量（rapid static GPS positioning）

利用快速整周模糊度解算法原理所进行的 GPS 静态定位测量。

（15）单基线解（single baseline solution）

在多台 GPS 接收机同步观测中，每次选取两台接收机的 GPS 观测数据解算相应的基线向量。

（16）多基线解（multi—baseline solution）

从 N（$N \geqslant 3$）台 GPS 接收机同步观测值中，由 $N-1$ 条独立基线构成观测方程，统一解算出 $N-1$ 条基线向量。

（17）永久性跟踪站（permanent tracking station）

长期连续跟踪接收卫星信号的永久性地面观测站。

2. GPS 网特征条件的计算

在进行 GPS 网图形设计前，必须明确有关 GPS 网构成的几个概念。按 R. Asany 提出的观测时段计算公式：

$$C = nm/N \tag{3-3}$$

式中，C 为观测时段数；n 为网点数；m 为每点设站次数；N 为接收机数。故在 GPS 网中：

总基线数：

$$J_总 = CN(N-1)/2 \tag{3-4}$$

必要基线数：

$$J_必 = n-1 \tag{3-5}$$

独立基线数：

$$J_独 = C(N-1) \tag{3-6}$$

多余基线数：

$$J_多 = C(N-1)-(n-1) \tag{3-7}$$

依据以上公式，就可以确定出一个具体 GPS 网图图形结构的主要特征。

3. GPS 网同步图形构成及独立边的选择

根据（3-3）式，对于由 N 台 GPS 接收机构成的同步图形中一个时段包含的 GPS 基线（或简称 GPS 边）数为：

$$J = N(N-1)/2 \tag{3-8}$$

但其中仅有 $N-1$ 条是独立的 GPS 边，其余为非独立 GPS 边。图 3-2 给出了当接收机数 $N = 2 \sim 4$ 时所构成的同步图形。

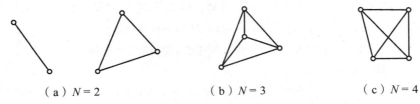

（a）$N = 2$ （b）$N = 3$ （c）$N = 4$

图 3-2　N 台接收机同步观测所构成的同步图形

对应于图 3-2，独立的 GPS 边可以有不同的选择，如图 3-3 所示。

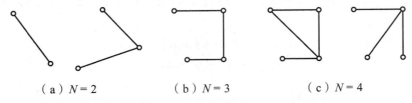

（a）$N = 2$ （b）$N = 3$ （c）$N = 4$

图 3-3　GPS 独立边的不同选择

当同步观测的 GPS 接收机数 $N \geqslant 3$ 时，同步闭合环的最少个数应为：

$$T = J - (N-1) = (N-1)(N-2)/2 \tag{3-9}$$

接收机数 N 与 GPS 边数 J 和同步闭合环数 T（最少个数）的对应关系如表 3-4 所示。

表 3-4　N 与 J，T 关系表

N	2	3	4	5	6
J	1	3	6	10	15
T	0	1	5	6	10

理论上，同步闭合环中各 GPS 边的坐标差之和（即闭合差）应为 0，但由于解算基线的数学模型不完善等原因，致使同步闭合环的闭合差不等于零。GPS 测量规范对这一闭合差的限差做了规定。

值得注意的是，当同步闭合环的闭合差较小时，通常只能说明 GPS 基线向量的计算合格，并不能说明 GPS 边的观测精度高，也不能发现接收的信号受到干扰而产生的某些粗差。

为了确保 GPS 观测成果的可靠性，有效地发现观测成果中的粗差，必须使 GPS 网中的独立边构成一定的几何图形。这种几何图形，可以是由数条 GPS 独立边构成的非同步多边形（异步闭合环或独立环），如三边形、四边形、五边形、……。当 GPS 网中有若干个起算点时，也可以是由两个起算点之间的数条 GPS 独立边构成的附合路线。

五、GPS 网的图形设计

1. 技术设计中应考虑的因素

技术设计主要是根据测量合同或上级主管部门下达的测量任务书，以及 GPS 测量规范

或规程来进行的。总的原则是，在满足用户要求的前提下，尽可能减少人力、物资和时间上的消耗。在技术设计过程中，还要充分考虑以下因素：

（1）测站因素。同测站布设有关的技术因素有：网点的密度，网的图形结构，时段分配，重复设站和重合点的布置等。

（2）卫星因素。同观测对象卫星有关的因素有：卫星高度角和可见卫星数目，卫星分布几何图形强度因子，卫星信号质量。

（3）仪器因素。同仪器有关的因素有：用于相对定位的接收机至少应有两台，天线质量，记录设备。

（4）后勤因素。后勤保障方面的因素有：接收机总台数、来源和使用时间，各观测时段的机组调度，交通工具和通信设备的配置等。

2. GPS 网图形设计的一般原则

根据不同的组网形式，在 GPS 网的技术设计中应设计出一个比较实用的网形，既可以满足一定的精度和可靠性要求，又有较高的经济指标。因此，GPS 网形设计应遵循以下原则：

（1）GPS 网应根据测区实际需要和交通状况，作业时的卫星情况，预期达到的精度，为了满足用户和 GPS 测量规范的要求，设计的一般原则是成果的可靠性以及工作效率，按照优化设计的原则进行。

（2）在 GPS 网中不应存在自由基线。因为自由基线不构成任何闭合图形，不具备发现粗差的能力。

（3）GPS 网应按"每个观测至少应独立设站观测两次"的原则进行布网。这样不同接收机观测量构成网的精度和可靠性指标比较接近。

（4）GPS 网一般应通过独立观测边构成闭合图形，例如一个或多个独立观测环，或者附和路线形式，以增加检核条件，提高网的可靠性。

（5）GPS 网点之间虽不要求必须通视，但考虑到采用常规测量方法加密时的需要，一些 GPS 点至少应有一个通视方向。为了便于施测，减少多路径效应的影响，GPS 点位应选在交通便利、视野开阔的地方。

（6）在可能的条件下，新布测的 GPS 网应与附近已有的高级 GPS 点进行联测；为了实现新 GPS 网与地面网之间的坐标转换，新布测的 GPS 网点还应尽量与地面原控制网点联测，重合点数不应少于 3 个，且在 GPS 网中分布均匀。

（7）GPS 网点，应利用已有水准点联测高程。C 级网每隔 3~6 点联测一个高程点；D 级和 E 级网视具体情况确定联测点数；A 级和 B 级的高程联测应分别采用三、四等水准测量方法；C 级至 E 级网可采用等外水准或与此精度相当的方法进行。

3. GPS 控制网的图形设计步骤

（1）测区踏勘；

（2）收集已有控制点资料和已有图纸资料；

（3）根据测量任务书、工程特点和测区面积确定控制网的精度等级；

（4）根据接收机数量确定同步观测图形；

（5）选取适当比例尺地形图；

（6）在地形图上展绘已有控制点；

（7）根据选点要求和精度等级在地形图上选取新点；

（8）将所选取新点构成同步观测图形，并逐步扩展为 GPS 网图形。

4. GPS 控制网的图形设计

GPS 控制网是由同步图形作为基本图形扩展得到的，采用的连接方式不同，网的形状结构也不同。GPS 控制网的图形设计就是如何将各同步图形合理地连接为一个整体，使其达到图形强度高、精度好、可靠性强、观测效率高的目的。

根据不同的用途，GPS 网的布设按网的结构形式可分为：星形、点连、边连、网连、边点混连、导线连接及三角锁连接等多种形式。选择怎样的组网，取决于工程所要求的精度、外业观测条件及 GPS 接收机数量等因素。

（1）星形网

星形网的几何图形简单，其直接观测边之间不构成任何图形。如图 3-4 所示。作业中只需要两台 GPS 接收机，是一种快速定位作业方式，常用于快速静态定位和准动态定位。然而，由于这种图形基线间不构成任何同步闭合图形，其抗粗差能力极差。因此，星形网广泛地应用于精度较低的工程测量，地址、边界测量，地籍测量和地形测量等领域。

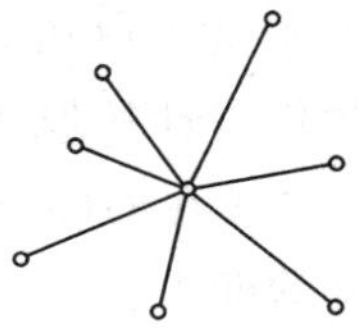

图 3-4　星形网图

（2）点连式图形

点连式是指相邻同步图形之间仅由一个公共点连接。这种布网方式所构成的几何图形其强度很弱，没有或几乎没有异步图形闭合条件，在一般作业中不单独采用。在图 3-5 中有 15 个定位点，无多余观测（即无异步检核条件），最少观测时段 7 个（同步环），最少观测基线为 $n-1=14$ 条（n 为点数），独立基线数为 14 条。

显然，这种点连式图形的几何强度很差，所构成的网形抗粗差能力也不强。若在这种网的布设中，在同步图形的基础上，再加测几个时段，以增加网的异步图形闭合条件个数和几何强度，从而可以大大改善网的可靠性指标。

图 3-5　点连式图

（3）边连式图形

边连式是指同步图形之间由一条公共基线边相连接。这种方式布网，网形的几何强度较高，有较多的重复边和异步图形闭合条件。在相同的仪器台数条件下，观测时段数将比点连式图形大大增加。

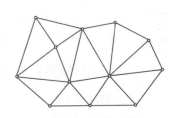

图 3-6 中有 13 个定位点，12 个观测时段，9 条重复边，3 个异步环。最少观测同步图形为 12 个，总基线数为 36 条，独

图 3-6　边连式图

立基线数为 24 条，多余基线数为 12 条。比较图 3-5 和图 3-4，显然边连式布网有较多的异步图形闭合条件，几何强度和可靠性均优于点连式。

（4）网连式图形

网连式是指相邻同步图形之间由两个以上公共点相连接，这种方法需要 4 台以上接收机同时作业。显然这种密集的布网方法，它的几何强度和可靠性指标相当高，但花费的经费和时间也较多，一般仅用于较高精度的控制测量。

（5）边点混连式图形

边点混连式是指把点连式与边连式有机地结合起来组成 GPS 网，以保证网的几何强度，提高网的可靠性指标，这样既减少了外业工作量，又降低了成本，是一种较为理想的布网方式。

图 3-7 是在点连式（见图 3-5）的基础上，加测了 4 个时段，把边连式与点连式结合起来，得到的几何强度改善了的布网设计方案。

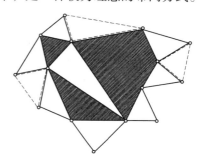

如图 3-7.所示的三台接收机的观测方案中，共有 11 个同步三角形，3 个异步环，5 条复测边，总基线数为 33 条，独立基线数为 22 条，必要基线数为 14 条，多余基线数为 8 条。显然，该图形呈封闭状，可靠性指标大为提高，外业工作量也比边连式有所减少。

图 3-7　边点混连式图

（6）三角锁（或多边形）连接图形

用点连式或边连式组成连续发展的三角锁同步图形（见图 3-8），此连接形式适用于带状地区的 GPS 布网，如铁路、公路及管线等工程测量控制网。

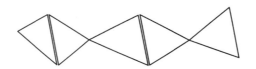

图 3-8　三角锁式连接图形

（7）导线网形（环形网）连接图形

将图形布设成直伸状，形如导线结构式的 GPS 网，各独立边应构成封闭状态的异步闭合图形，用以检核 GPS 点的可靠性，适用于精度较高的 GPS 布网。该布网方式也可以与点连式布网结合起来布设（见图 3-9）。

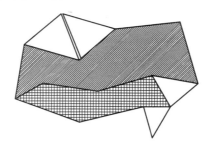

图 3-9　导线网

任务三　GPS 控制测量的外业

GPS 测量外业实施包括 GPS 点的选埋、观测、数据传输及数据预处理等工作。

一、选　点

由于 GPS 测量观测站之间不一定要求相互通视，而且网的图形结构也比较灵活，所以选点工作比常规控制测量的选点要简便。但由于点位的选择对于保证观测工作的顺利进行和保证测量结果的可靠性有着重要的意义，所以在选点工作开始前，除收集和了解有关测区的地理情况和原有测量控制点分布及标架、标型、标石完好状况，决定其适宜的点位外，选点工作还应遵守以下原则：

（1）点位应设在易于安装接收设备、视野开阔的较高点上。

（2）点位目标要显著，视场周围 15° 以上不应有障碍物，以减小 GPS 信号被遮挡或障碍物吸收。

（3）点位应远离大功率无线电发射源〔如电视台、微波站等〕其距离不小于 200 m；远离高压输电线，其距离不得小于 50 m，避免电磁场对 GPS 信号的干扰。

（4）点位附近不应有大面积水域或不应有强烈干扰卫星信号接收的物体，以减弱多路径效应的影响。

（5）点位应选在交通方便，有利于其他观测手段扩展与联测的地方。

（6）地面基础稳定，易于点的保存。

（7）选点人员应按技术设计进行踏勘，在实地按要求选定点位。

（8）网形应有利于同步观测边、点连接。

（9）当所选点位需要进行水准联测时，选点人员应实地踏勘水准路线，提出有关建议。

（10）当利用旧点时，应对旧点的稳定性、完好性，以及觇标是否安全可用等进行检查，符合要求方可利用。

二、标志埋设

GPS 网点一般应埋设具有中心标志的标石，以精确标志点位。点的标石和标志必须稳定、坚固以利长久保存和利用。在基岩露头地区也可直接在基岩上嵌入金属标志。

每个点位标石埋设结束后，应按表 3-5 填写点之记并提交以下资料：

（1）点之记；

（2）GPS 网的选点网图；

（3）土地占用批准文件与测量标志委托保管书；

（4）选点与埋石工作技术总结。

表 3-5　GPS 点点之记

日期：2014 年 5 月 9 日　　记录者：　　绘图者：　　　　　　校对者：

网区：东郭区			所在图幅	149D019102
			点号	G009
点名：南陆	类级：A	概略位置	$B = 45°38'$；$L = 124°16'$；$H = 61$	
所在地	××市××区清水镇上岭村		最近住所	清水镇 6.8 km
地类：山地	土质：黄土	冻土深度：	解冻深度：	
最近邮电设施	清水镇邮电局	供电情况	上岭村每天有交流电	
最近水源及距离	上岭村有自来水，1.2 km	砂石来源	清水镇建筑公司	

本控制点位置及交通情况	沿上岭村至清水镇公路 700 m，路北，步行 300 m	交通路线图	

选点情况		点位略图	
单位	××测量队		
选点员	日期：2014.5.9		
是否需联测坐标和高程	联测高程		
建议联测等级与方法	三等水准测量		
起始水准点及距离	1.8 km		

点名一般取村名、山名、地名、单位名，应向当地政府部门或群众进行调查后确定。利用原有旧点时点名不宜更改，点号编排（码）应适应计算机计算。

三、观测工作

1. 观测工作依据的主要技术指标

GPS 观测与常规测量在技术要求上有很大差别，对城市及工程 GPS 控制在作业中应按表 3-6 有关技术指标执行。

表 3-6　各级 GPS 测量作业的基本技术要求

项　目		二等	三等	四等	一级	二级
卫星高度角 /（°）	静态	≥15	≥15	≥15	≥15	≥15
	快速静态					
有效观测卫星数	静态	≥4	≥4	≥4	≥4	≥4
	快速静态		≥5	≥5	≥5	≥5
平均重复设站数	静态		≥2	≥1.6	≥1.6	≥1.6
	快速静态		≥2	≥1.6	≥1.6	≥1.6
时段长度 /min	静态	≥60	≥60	≥45	≥45	≥45
	快速静态		≥20	≥15	≥15	≥15
数据采样间隔/s	静态	10～60	10～60	10～60	10～60	10～60
	快速静态					

2. 天线安置

（1）在正常点位，天线应架设在三脚架上，并安置在标志中心的上方直接对中，天线基座上的圆水准气泡必须整平。

（2）在特殊点位，当天线需要安置在三角点觇标的观测台或回光台上时，应先将觇标顶部拆除，以防止对 GPS 信号的遮挡。这时可将标志中心反投影到观测台或回光台上，作为安置天线的依据。如果觇标顶部无法拆除，接收天线若安置在标架内观测，就会造成卫星信号中断，影响 GPS 测量精度。在这种情况下，可进行偏心观测。偏心点选在离三角点 100 m 以内的地方，归心元素应以解析法精密测定。

（3）天线的定向标志线应指向正北，并顾及当地磁偏角的影响，以减弱相位中心偏差的影响。天线定向误差依定位精度不同而异，一般不应超过 ±(3°～5°)。

（4）刮风天气安置天线时，应将天线进行三方向固定，以防倒地碰坏。雷雨天气安置天线时，应注意将其底盘接地，以防雷击天线。

（5）架设天线不宜过低，一般应距地面 1 m 以上。天线架设好后，在圆盘天线间隔 120°的三个方向分别量取天线高，三次测量结果之差不应超过 3 mm，取其三次结果的平均值记入测量手簿中，天线高记录取值 0.001 m。

（6）测量气象参数：在高精度 GPS 测量中，要求测定气象元素。每时段气象观测应不少于 3 次（时段开始、中间、结束）。气压读至 0.1 mbar，气温读至 0.1 ℃，对一般城市及工程测量只记录天气状况。

（7）复查点名并记入测量手簿中，将天线电缆与仪器进行连接，经检查无误后，方能通电启动仪器。

3. 开机观测

观测作业的主要目的是捕获 GPS 卫星信号，并对其进行跟踪、处理和量测，以获得所需要的定位信息和观测数据。

天线安置完成后,在离开天线适当位置的地面上安放 GPS 接收机,接通接收机与电源、天线、控制器的连接电缆,即可启动接收机进行观测。

接收机锁定卫星并开始记录数据后,观测员可按照仪器随机提供的操作手册进行输入和查询操作,在未掌握有关操作系统之前,不要随意按键和输入,一般在正常接收过程中禁止更改任何设置参数。

通常,在外业观测工作中,仪器操作人员应注意以下事项:

(1)当确认外接电源电缆及天线等各项连接完全无误后,方可接通电源,启动接收机。

(2)开机后接收机有关指示显示正常并通过自检后,方能输入有关测站和时段控制信息。

(3)接收机在开始记录数据后,应注意查看有关观测卫星数量、卫星号、相位测量残差、实时定位结果及其变化、存储介质记录等情况。

(4)一个时段观测过程中,不允许进行以下操作:关闭又重新启动,进行自测试(发现故障除外),改变卫星高度角,改变天线位置,改变数据采样间隔,按动关闭文件和删除文件等功能键。

(5)需要记录气象要素时,在每一观测时段始、中、末要各观测记录一次,当时段较长时可适当增加观测次数。

(6)在观测过程中要特别注意供电情况,除在出测前认真检查电池容量是否充足外,作业中观测人员不要远离接收机,听到仪器的低电压报警要及时予以处理,否则可能会造成仪器内部数据的破坏或丢失。对观测时段较长的观测工作,建议尽量采用太阳能电池板或汽车电瓶进行供电。

(7)仪器高一定要按规定始、末各量测一次,并及时输入仪器及记入测量手簿之中。

(8)接收机在观测过程中不要靠近接收机使用对讲机;雷雨季节架设天线要防止雷击,雷雨过境时应关机停测,并卸下天线。

(9)观测站的全部预定作业项目,经检查均已按规定完成,且记录与资料完整无误后方可迁站。

(10)观测过程中要随时查看仪器内存或硬盘容量,每日观测结束后,应及时将数据转存至计算机硬、软盘上,确保观测数据不丢失。

4. 观测记录

在外业观测工作中,所有信息资料均须妥善记录。记录形式主要有以下两种:

(1)观测记录

观测记录由 GPS 接收机自动进行,均记录在存储介质(如硬盘、硬卡或记忆卡等)上,其主要内容有:

① 载波相位观测值及相应的观测历元;

② 同一历元的测码伪距观测值;

③ GPS 卫星星历及卫星钟差参数;

④ 实时绝对定位结果;

⑤ 测站控制信息及接收机工作状态信息。

（2）测量手簿

测量手簿是在接收机启动前及观测过程中，由观测者随时填写的。其记录格式在现行规范和规程中略有差别，视具体工作内容选择进行。

观测记录和测量手簿都是 GPS 精密定位的依据，必须认真、及时填写，坚决杜绝事后补记或追记。

外业观测中存储介质上的数据文件应及时拷贝一式两份，分别保存在专人保管的防水、防静电的资料箱内。存储介质的外面，适当处应贴制标签，注明文件名、网区名、点名、时段名、采集日期、测量手簿编号等。

接收机内存数据文件在转录到外存介质上时，不得进行任何剔除或删改，不得调用任何对数据实施重新加工组合的操作指令。

任务四　GPS 控制网数据处理

GPS 测量数据的测后处理，一般均可借助相应的软件自动完成。随着定位技术的迅速发展，GPS 测量数据后处理软件的功能和自动化程度，将不断增强和提高，所采用的模型也将不断改进。

对观测数据进行后处理的基本过程大体分为预处理，平差计算，坐标系统的转换，或与已有地面网的联合平差，下面分别加以介绍。

一、观测数据的预处理

预处理的主要目的，是对原始观测数据进行编辑、加工与整理，分流出各种专用的信息文件，为进一步平差计算做准备。预处理工作的完善与否，对随后的平差计算以及平差结果的精度，将产生重要影响。因此，对预处理的方法，采用的数学模型和评价数据质量的标准等，都必须仔细分析，慎重确定。

预处理工作的主要内容有：

（1）数据传输。将 GPS 接收机记录的观测数据，传输到磁盘或其他介质上，以提供计算机等设备进行处理和保存。

（2）数据分流。从原始记录中，通过解码将各种数据分类整理，剔除无效观测值和冗余信息，形成各种数据文件，如星历文件、观测文件和测站信息文件等，以供进一步处理。

以上两项工作，一般也称之为数据的粗加工。

（3）观测数据的平滑、滤波。剔除粗差并进一步删除无效观测值。

（4）统一数据文件格式。为了统一不同类型接收机的数据记录格式、项目和采样间隔，统一为标准化的文件格式，以便统一进行处理。

（5）卫星轨道的标准化。为了统一不同来源卫星轨道信息的表达方式和平滑 GPS 卫星每小时更新一次的轨道参数，一般采用多项式拟合法，平滑 GPS 卫星每小时发送的轨道参数，使观测时段的卫星轨道标准化。

（6）探测周跳、修复载波相位观测值。

（7）对观测值进行必要改正。

在 GPS 观测值中加入对流层改正，单频接收的观测值中加入电离层改正。

观测数据的预处理，一般均由软件自动完成。因此不断完善和提高软件的功能和自动化水平，对提高观测数据预处理的质量和效率是极为重要的。

二、观测成果的外业检核

对野外观测资料首先要进行复查，内容包括：成果是否符合调度命令和规范的要求；进行的观测数据质量分析是否符合实际。然后进行下列项目的检核：

1. 每个时段同步边观测数据的检核

（1）数据剔除率。剔除的观测值个数与应获取的观测值个数的比值称为数据剔除率。同一时段观测值的数据剔除率，其值应小于 10%。

（2）采用单基线处理模式时，对于采用同一种数学模型的基线解，其同步时段中任意三边同步环的坐标分量相对闭合差和全长相对闭合差不得超过表 3-7 所列限差。

表 3-7　同步坐标分量及环线全长相对闭合差限差（$10^{-6} \times D$）

限差类型 \ 等级	二等	三等	四等	一级	二级
坐标分量相对闭合差	2.0	3.0	6.0	9.0	9.0
环线全长相对闭合差	3.0	5.0	10.0	15.0	15.0

2. 重复观测边的检核

同一条基线边若观测了多个时段，则可得到多个边长结果。这种具有多个独立观测结果的边就是重复观测边。对于重复观测边的任意两个时段的成果互差，均应小于相应等级规定精度（按平均边长计算）的 $2\sqrt{2}$ 倍。

3. 同步观测环检核

当环中各边为多台接收机同步观测时，由于各边是不独立的，所以其闭合差应恒为零。例如三边同步环中只有两条同步边可以视为独立的成果，第三边成果应为其余两边的代数和。但是由于模型误差和处理软件的内在缺陷，使得这种同步环的闭合差实际上仍可能不为零。这种闭合差一般数值很小，不至于对定位结果产生明显影响，所以也可把它作为成果质量的一种检核标准。

一般规定，三边同步环中第三边处理结果与前两边的代数和之差值应小于下列数值。

$$\left. \begin{array}{l} w_x \leqslant \dfrac{\sqrt{3}}{5}\sigma, \quad w_y \leqslant \dfrac{\sqrt{3}}{5}\sigma, \quad w_z \leqslant \dfrac{\sqrt{3}}{5}\sigma \\[3mm] w = \sqrt{w_x^2 + w_y^2 + w_z^2} \leqslant \dfrac{3}{5}\sigma \end{array} \right\} \qquad （3-10）$$

式中，σ 为相应级别的规定中误差（按平均边长计算）。

所有闭合环的分量闭合差不应大于 $\dfrac{\sqrt{n}}{5}\sigma$，而环闭合差应满足：

$$w = \sqrt{w_x^2 + w_y^2 + w_z^2} \leqslant \dfrac{\sqrt{3n}}{5}\sigma \qquad （3-11）$$

4. 异步观测环检核

无论采用单基线模式或多基线模式解算基线，都应在整个 GPS 网中选取一组完全的独立基线构成独立环，各独立环的坐标分量闭合差和全长闭合差应符合式（3-12）：

$$\left. \begin{array}{l} w_x \leqslant 2\sqrt{n}\sigma \\[2mm] w_y \leqslant 2\sqrt{n}\sigma \\[2mm] w_z \leqslant 2\sqrt{n}\sigma \\[2mm] w \leqslant 2\sqrt{3n}\sigma \end{array} \right\} \qquad （3-12）$$

当发现边闭合数据或环闭合数据超出上列规定时，应分析原因并对其中部分或全部成果重测。需要重测的边，应尽量安排在一起进行同步观测。

三、野外返工

对经过检核超限的基线在充分分析基础上，进行野外返工观测，基线返工应注意如下几个问题：

（1）无论何种原因造成一个控制点不能与两条合格独立基线相连结，则在该点上应补测或重测不少于一条独立基线。

（2）可以舍弃在复测基线边长较差、同步环闭合差、独立环闭合差检验中超限的基线，但必须保证舍弃基线后的独立环所含基线数。

（3）由于点位不符合 GPS 测量要求而造成一个测站多次重测仍不能满足各项限差技术规定时，可按技术设计要求另增选新点进行重测。

四、平差计算

根据预处理获得的标准化数据文件，便可进行观测数据的平差计算工作。

平差计算的主要内容包括：

1. 同步观测的基线向量平差

对于同一基线边，多历元同步观测值的平差计算。在同一测区中，同类精度的数据处理，应采用相同的方法和相同的模型。由此所得的平差结果，为基线向量（坐标差）及其相应的方差与协方差。

2. GPS 网平差

利用上述基线向量的平差结果，作为相关观测量进行网的整体平差。整体平差应在 WGS-84 坐标系中进行，平差的结果，一般是网点的空间直角坐标、大地坐标和高斯平面直角坐标，以及相应的方差和协方差。

3. 坐标系的转换

在城市、矿山等区域性的测量工作中，往往需要将 GPS 测量成果化算到用户所采用的区域性坐标系统。因此，上述 GPS 网在 WGS-84 坐标系统中的平差结果，尚需按用户的要求进行坐标系的转换，或者为了改善已有的经典地面控制网，确定 GPS 网与经典地面控制网之间的转换参数。

观测数据经上述处理后，需要输出打印的资料有：

（1）测区和各观测站的基本情况。

（2）参加平差计算的观测值数量、质量、观测时段的起止时间和延续时间。

（3）平差计算采用的坐标系统，基本常数和起算数据。

（4）平差计算的方法及所采用的先验方差与协方差。

（5）GPS 网整体平差结果，包括空间整体坐标、大地坐标和高斯平面直角坐标，以及在上述不同坐标系统中，相邻点之间的距离和方位角。

（6）GPS 网与已有经典地面网的联合平差结果，主要包括地面网的坐标、等级、重合点数及其坐标值，联合平差采用的坐标系统、平差方法，平差后的坐标值以及网的转换参数。

（7）平差值的精度信息，包括观测值的残差分析资料、平差值的方差与协方差阵及相关系数阵等。

至于 GPS 控制网的基线解算及后处理软件的具体操作，可参照各使用部门相关的软件说明书，这里不再一一赘述。

五、南方 GPS 静态数据处理示例

用 GPS 采集完静态数据后，就要对所采集的静态数据进行处理。处理过程主要包括以下步骤：

1. 新建工程

点击"南方 GPS 数据处理"桌面快捷方式进入南方 GPS 数据处理系统软件，如图 3-10

所示。软件界面简单、直观，主要由菜单栏、工具栏、状态栏以及当前窗口组成。

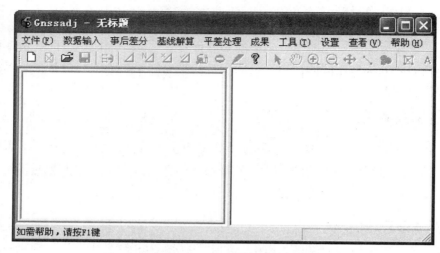

图 3-10　南方 GPS 静态数据处理软件主界面

在"文件"菜单中新建一个项目，需要填写项目名称、施工单位、负责人，并设置坐标系统和控制网等级，基线的剔除方式，如图 3-11 所示。

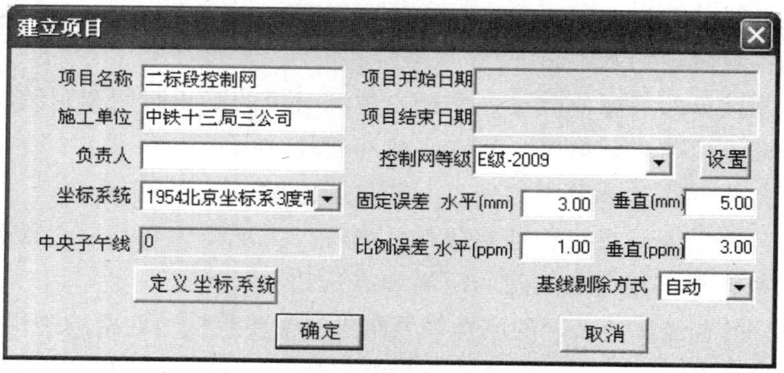

图 3-11　新建项目

系统左侧窗口列出网图显示、测站数据、基线简表、基线详解、闭合环等信息。

网图显示：用以显示网图和误差椭圆。

测站数据：显示每个原始数据文件的详细信息，包括所在路径，每个观测站数据的文件名、点名、天线高、采集日期、开始和结束时间、单点定位的经纬度大地高等。在该状态下，可以增加或者删除数据文件以及修改点名和天线高。

观测数据文件：软件中输入的所有数据文件。

基线简表：显示基线解的信息，包括基线名、比值、方差、X 增量、Y 增量、Z 增量。

闭合环：查看最小独立闭合环、最小独立同步闭合环、最小独立异步闭合环、重复基线、任意选定基线组成闭合环的闭合差。

重复基线：观测网中所包含的重复基线及剔除情况。

成果输出：查看自由网平差、三维约束平差、二维约束平差、高程拟合等成果以及相应的精度分析。

2. 增加观测数据

将野外采集数据输入软件，可以用鼠标左键点击文件，一个个单选，也可"全选"所有文件。观测数据输入后，系统右侧窗口显示由基线连成的网图，如图 3-12 所示。

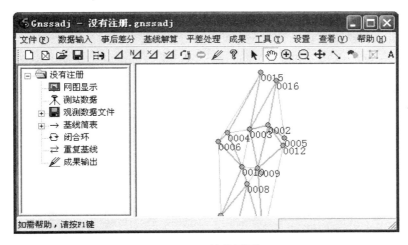

图 3-12　基线网图

3. 解算基线

基线解算前需要对基线的解算条件进行设置，点击"基线解算/静态基线解算设置"命令，弹出"基线解算设置"对话框，如图 3-13 所示。

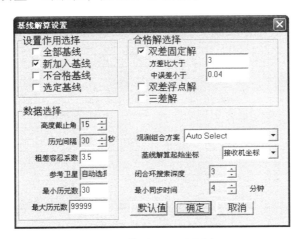

图 3-13　基线处理设置窗口

基线基本信息各项目的含义：

（1）设置作用选择：设置基线解算的范围，即全部基线、新增加的基线或不合格的基线。

全部解算：对所有输入软件的观测数据文件进行解算。

新增基线：对新增加进来的基线单独解算。

不合格基线：软件只处理上次解算后不合格的基线。

（2）高度截止角：即卫星高度角截止角，通常情况下取其值为 20°，用户也可以适当地调整使其增大或者减小。

（3）历元间隔：指运算时的历元间隔，该值默认取 5 秒，可以任意指定，但是必须是采集间隔的整数倍。例如，采集数据时设置历元间隔为 15 秒，而采样历元间隔设定 20 秒，则实际处理的历元间隔将为 30 秒。

（4）粗差容忍系数：默认值为 3.5。

（5）合格解选择：可以选择双差固定解、双差浮点解、三差解，默认为双差固定解，并设置方差比最小值与中误差最大值。

（6）观测组合方案：对于双频机观测的数据，可调整观测的组合方案，各种组合方案的含义参见相关资料。

基线解算过程中，可以对卫星高度截至角、历元间隔、观测组合方案进行组合设置完成基线的重新解算以提高基线的方差比。

在反复组合高度截至角和历元间隔进行解算仍不合格的情况下，可点状态栏基线简表查看 该条基线详表，表中详细列出了每条基线的测站、星历情况，以及基线解算处理中周跳、剔除、精度分析等处理情况。

图 3-14　数据编辑窗口

针对不合格基线所涉及的观测数据，可在"观测数据文件"点击此基线对应的观测数据文件，右侧窗口中会显示该文件的详情（见图 3-14）。双击该文件进入"数据编辑"窗口，点击 ✖ 按钮，光标变成十字后按住鼠标左键，拖拉圈住上图中有历元中断的地方，即可剔除无效历元，点中 ▶ 可恢复剔除历元。

4. 检查闭合环和重复基线

基线全部解算合格后，就需要看闭合环是否合格，直接点击左侧窗口的闭合环就可进行查看（见图 3-15）。若闭合环不合格，则还需要调整不合格闭合环中的基线，使得闭合环和基线全都合格；若闭合环合格，就要录入已知点的坐标数据，然后进行平差处理。要录入坐标数据可以在数据输入中点击坐标数据录入，在弹出的对话框中选择要录入坐标数据的点，录入坐标数据；或者在测站数据中选择对应的点直接录入坐标数据。

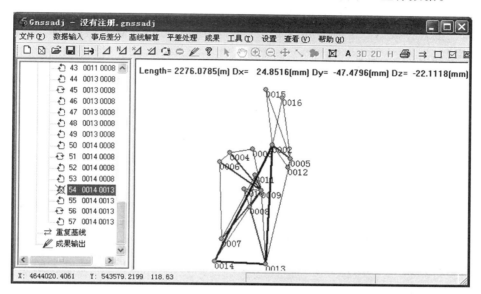

图 3-15　闭合环检查

5. 网平差及高程拟合

（1）数据录入：输入已知点坐标，给定约束条件。点击"数据输入"菜单中的"坐标数据录入"，弹出对话框，如图 3-16 所示。在"请选择"单元格中选中已知点点号，"状态栏"中选择已知点的形式，即平面坐标（X，Y），三维坐标（X，Y，H）或高程坐标 H。在其后面输入相应的已知坐标值。

图 3-16　录入已知点坐标

（2）平差处理：进行整网无约束平差和已知点联合平差。根据以下步骤依次处理。

① 自动处理：基线处理完后点此菜单，软件将会自动选择合格基线组网，解算环闭合差。

② 三维平差：进行 WGS-84 坐标系下的自由网平差。

③ 二维平差：把已知点坐标代入网中进行整网约束二维平差。但要注意的是，当已知点的点位误差太大时，软件会提示"已知点误差太大"。在此时点击"二维平差"是不能进行计算的。用户需要对已知数据进行检核。

④ 高程拟合：根据"平差参数设置"中的高程拟合方案对观测点进行高程计算。

6. 平差成果输出或者打印

输出或打印平差结果。

项目小结

本项目以全球定位系统（GPS）为例，介绍卫星定位平面控制网建设的理论与方法，主要包括 GPS 测量的基础知识，GPS 平面控制网的技术设计的内容与方法，GPS 控制点的选点、埋石的过程及注意事项，GPS 外业观测的过程与方法，GPS 观测数据的内业处理，并以南方 GPS 数据处理软件为例，介绍利用 GPS 数据处理软件对外业观测数据进行基线计算与平差的方法与过程。

思考与练习题

1. 简述 GPS 系统的特点及组成。

2. 简述 GPS 卫星测量的主要误差来源及消除（削弱）方法。

3. 什么是观测时段？什么是同步观测？什么是同步观测环？什么是异步观测环？

4. 何谓 GPS 网的图形设计？主要与什么有关？

5. GPS 网的图形布设通常有几种形式？各有何优缺点？

6. GPS 网的图形设计要遵循哪些原则？

7. GPS 选点有哪些要求？

8. 简述 GPS 控制网的布设原则。

9. GPS 网外业观测中应注意哪些事项？

10. 简述 GPS 测量数据处理的基本过程。

项目四　高程控制测量

项目提要

本项目主要介绍了常规精密高程控制测量（即精密水准测量和电磁波测距高程导线测量）的基本原理、方法、内容及工作过程，包括精密水准仪的结构特点及使用方法，精密水准测量外业观测的误差来源、影响规律及消除（削弱）方法，精密水准测量技术设计、外业实施、内业计算的原理、方法和作业过程，电磁波测距高程导线测量的基本原理与工作过程。

学习目标

1. 知识目标

知晓水准原点、高程基准面与高程系统的概念；了解精密水准测量仪器的结构、性能及操作方法；知晓影响精密水准测量外业观测成果质量的误差来源、影响规律及消除（削弱）方法；掌握精密水准测量技术设计的内容及步骤；了解精密水准测量选点、埋石的要求；知晓精密水准仪检校的方法；掌握精密水准测量外业观测实施的方法、内容及注意事项；清楚精密水准测量内业计算的内容及过程；知晓电磁波测距高程导线测量的原理及方法。

2. 技能目标

能够熟练使用精密水准测量仪器及高程控制测量数据处理软件；能够以团队协作的方式完成精密水准测量的技术设计、外业实施、内业数据处理，并获得符合规范要求的精密水准测量成果。

3. 素养目标

培养按照测量规范对精密水准观测过程及结果进行质量控制的意识和基本素养；培养沟通交流的习惯，分工协作的团队意识；逐渐养成认真细致、实事求是的工作作风。

关键内容

1. 重点

精密水准仪及水准尺的特点；精密水准仪的使用方法；精密水准点的选点与埋石；精密水准仪的测前常规检校；精密水准测量的实施；利用控制测量数据处理软件进行精密水准测量的内业计算；电磁波测距高程导线测量的原理。

2. 难点

影响精密水准测量观测成果质量的误差来源、影响规律及消除（削弱）方法；精密水准测量的概算。

任务一　高程控制测量概述

建立高程控制网的目的是为测制地形图和为工程建设提供必要的高程控制基础，并为地壳垂直运动和平均海平面变化等科学技术问题的研究提供精确的高程资料。建立高程控制网的基本方法有三种：水准测量、三角高程测量和 GPS 高程测量，而水准测量是最为常用、精度最高的高程控制测量方法，我国统一的国家高程控制网就是采用水准测量的方法。

为了建立统一的国家高程控制网，首先要选择高程系统和建立水准原点。选择高程系统，是确定表示地面点高程的统一基准面，所有的高程都以这个面为零起算，不同的高程基准面有不同的高程系统。我国经常使用的高程系统有：大地高系统、正高系统和正常高系统。建立水准原点，就是确定国家高程控制网中用来传算高程的统一起始点。

一、高程基准面与高程系统

1. 大地高系统

以参考椭球面为高程基准面的高程系统，称为大地高系统。这个系统的高程，是地面点沿法线方向到参考椭球面的距离，如图 4-1 中 AO'，是地面点 A 的大地高。

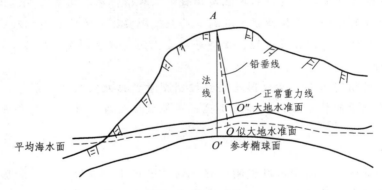

图 4-1　高程系统

2. 正高系统

以大地水准面为高程基准面的高程系统，称为正高系统。这个系统的高程，是地面点沿铅垂线方向到大地水准面的距离，称为正高，如图 4-1 中 AO'' 是点 A 的正高 $H_{正}$。由图 4-1 可以看出，大地水准面将大地高分为两部分，即正高（$H_{正}$）和大地水准面至参考椭球面的距离——大地水准面差距。严格测定地面点的正高，需量测沿水准路线的重力值，以及该点沿铅垂线至大地水准面的重力平均值。因此，严格地说，地面上一点的正高是不可能精确求得的，换句话说，在陆地上无法精确测定大地水准面的形状。

3. 正常高系统

正常高是由地面点到一个与大地水准面很接近的基准面的距离，这个基准面成为似大地水准面。似大地水准面是由地面点沿正常重力线向下量取正常高所得到的点形成的连续曲面。换句话说，正常高是以似大地水准面为基准的高程面。在平均海水面上，似大地水准面与大地水准面重合，且和平均海水面一致。正常高可由水准高差求得，即：

$$H_{正常}^{B} - H_{正常}^{A} = H_{测}^{B} - H_{测}^{A} + \varepsilon + \lambda$$

式中，ε 是正常重力位水准面不平行改正（简称正常水准面不平行改正）；λ 是重力异常所引起的改正（简称重力异常改正）。

我国水准测量规范规定采用正常高系统。

二、我国的高程基准与国家水准原点

1956 年，我国根据基本验潮站应具备的条件，认为青岛验潮站位置适中，地处我国海岸线的中部，而且青岛验潮站所在港口是有代表性的规律性半日潮港，又避开了江河入海口，具有外海海面开阔，无密集岛屿和浅滩，海底平坦，水深在 10 m 以上等有利条件，因此，在 1957 年确定青岛验潮站为我国基本验潮站，验潮井建在地质结构稳定的花岗石基岩上，以该站 1950 年至 1956 年 7 年间的潮汐资料推求的平均海水面作为我国的高程基准面。以此高程基准面作为我国统一起算面的高程系统名为"1956 年黄海高程系统"。

"1956 年黄海高程系统"的高程基准面的确立，对统一全国高程有其重要的历史意义，对国防和经济建设、科学研究等方面都起了重要的作用。但从潮汐变化周期来看，确立"1956 年黄海高程系统"的平均海水面所采用的验潮资料时间较短，还不到潮汐变化的一个周期（一个周期一般为 18.61 年），同时又发现验潮资料中含有粗差，因此有必要重新确定新的国家高程基准。

新的国家高程基准面是根据青岛验潮站 1952～1979 年 19 年间的验潮资料计算确定的，以这个高程基准面作为全国高程的统一起算面，称为"1985 国家高程基准"。

为了长期、牢固地表示出高程基准面的位置，作为传递高程的起算点，必须建立稳固的水准原点（标石构造见图 4-2），用精密水准测量方法将它与验潮站的水准标尺进行联测，以高程基准面为零推求水准原点的高程，以此高程作为全国各地推算高程的依据。在"1956 年黄海高程基准"系统中，我国水准原点的高程是 72.289 3 m，在"1985 国家高程基准"系统中，我国水准原点的高程为 72.260 m。

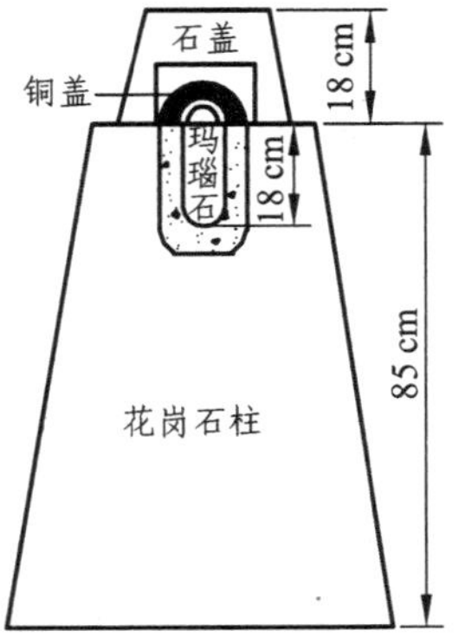

图 4-2 水准原点标石

三、高程控制测量的作业流程

高程控制测量工作实施的工作流程一般为：接受任务→收集资料→编写技术设计→图上设计水准路线→实地踏勘选水准点→水准标石的埋设→绘制点之记→仪器检验与校正→水准测量外业观测→概算→平差计算→编制成果表→自检→撰写技术总结→成果验收。

城市和工程建设水准测量是各种大比例尺测图、城市工程测量和城市地面沉降观测的高程控制基础，又是工程建设施工放样和监测工程建筑物垂直形变的依据，一般按水准测量方法来建立。为了统一水准测量规格，考虑到城市和工程建设的特点，城市测量和工程测量技术规范规定：水准测量依次分为二、三、四等 3 个等级。首级高程控制网，一般要求布设成闭合环形，加密时可布设成附合路线和结点图形。

1. 水准路线的图上设计

水准网的布设应力求做到经济合理，因此，设计水准路线前应先对测区情况进行调查研究，搜集和分析测区已有的水准测量资料，拟定出合理的布设方案。

根据上述要求，首先应在图上初步拟定水准网的布设方案，再到实地选定水准路线和水准点位置。在实地选线和选点时，除了要考虑上述要求外，还应注意使水准路线避开土质松软地段，确定水准点位置时，应考虑到水准标石埋设后点位的稳固安全，并能长期保存，便于施测。

图上设计水准路线一般要考虑以下各点：

（1）水准路线应尽量沿坡度小的道路布设，尽量避免跨越河流、湖泊、沼泽等障碍物，以减弱前后视折光误差的影响。

（2）水准路线若与高压输电线或地下电缆平行，则应使水准路线在输电线或电缆 50 m 以外布设，以避免电磁场对水准测量的影响。

（3）布设首级高程控制网时，应考虑到便于进一步加密。

（4）水准网应尽可能布设成环形网或结点网，个别情况下亦可布设成附合路线。水准点间的距离：一般地区为 2~4 km；城市建筑区和工业区为 1~2 km。

（5）应与国家水准点进行联测，以求得高程系统的统一。

（6）注意测区已有水准测量成果的利用。

设计好了水准路线，事实上就已经确定了高程控制网的网形结构。常用的高程控制网包括支水准路线、闭合或符合水准路线、节点水准网、环形水准网。

就目前而言，在上述几种形式中，较常用的为闭合水准路线和符合水准路线，节点网和环形网也偶尔用到，而支水准路线在尽量少用或不用。

2. 踏勘、选点、埋石、绘制点之记

踏勘要解决的问题之一是根据图上初步拟定水准网的布设方案，到实地选定水准路线和水准点的位置。在实地选线和选点时，要考虑水准标石埋设后点位的稳固安全，并能长期保存，便于施测。为此，水准点应设置在地质最为可靠的地点，避免设置在水滩、沼泽、

沙土、滑坡和地下水位高的地方；埋设在铁路、公路近旁时，一般要求离铁路的距离应大于 50 m，离公路的距离应大于 20 m，应尽量避免埋设在交通繁忙的道路交叉口；墙上水准点应选在永久性的大型建筑物上。

水准点选定后，就可以进行水准标石的埋设工作。由于水准点的高程是嵌设在水准标石上面的水准标志顶面相对于高程基准面的高度，如果水准标石埋设质量不好，容易产生垂直位移或倾斜，会导致水准点高程的不可靠，因此必须重视水准标石的埋设质量。

国家水准点标石的制作材料、规格和埋设要求，在《国家一、二等水准测量规范》（以下简称《水准规范》）中都有具体的规定和说明。工程测量中常用的普通水准标石是由柱石和盘石两部分组成的，如图 4-3 所示，标石可用混凝土浇制或用天然岩石制成。水准标石上面嵌设有铜材或不锈钢金属标志。

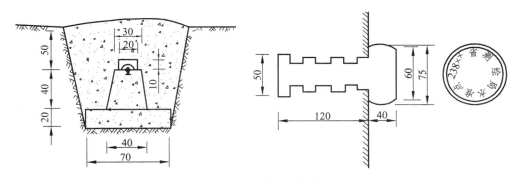

图 4-3　水准标石规格

水准标石埋设完成后，要现场绘制高程控制点点之记，点之记的具体样式见表 4-4。点之记的内容包括点名、等级、所在地、点位略图、实埋标石断面图及委托保管等信息。记载等级控制点位置和结构情况的资料，包括点名、等级、点位略图及与周围固定地物的相关尺寸等。

3. 制定作业方案

作业方案的制定要结合任务概况和测区具体情况，在对已有测绘资料做出认真分析后进行。作业方案大致包括：采用的高程基准及高程控制网等级，水准路线长度及其构网图形，高程点或标志的类型与埋设要求，拟定观测与连测方案，观测方法及技术要求等。技术要求应遵从测量规范，应起到指导外业实施工作与内业计算全过程的作用。在编写技术设计书时，根据需方要求，并结合《测绘技术设计编写规定》（ZBA 75001—89）的相关规定，要列出需上交的资料清单。上交资料主要包括：

（1）工程技术设计书；

（2）工程技术总结报告；

（3）质量检查及质量评定报告；

（4）仪器检定资料；

（5）水准测量观测手簿；

（6）水准测量计算资料（含国家水准点起算数据）；

（7）水准点点之记（见图 4-4）；

（8）全部数据光盘；

（9）水准路线图；

（10）高程控制点成果表。

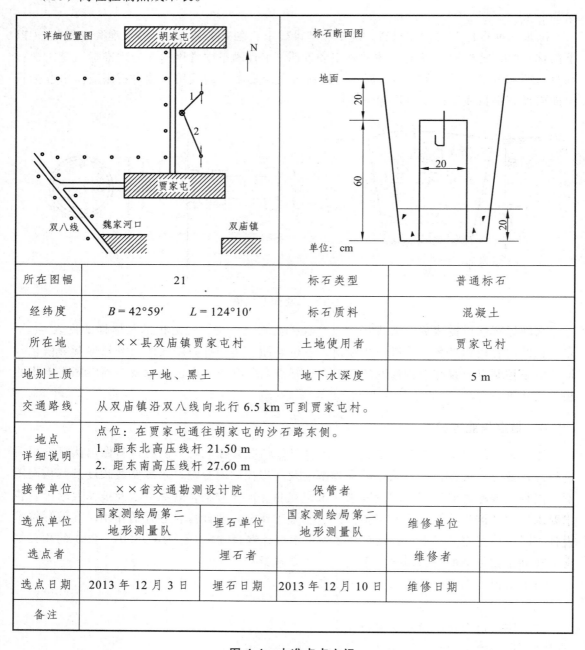

所在图幅	21		标石类型	普通标石
经纬度	$B = 42°59'$ $L = 124°10'$		标石质料	混凝土
所在地	××县双庙镇贾家屯村		土地使用者	贾家屯村
地别土质	平地、黑土		地下水深度	5 m
交通路线	从双庙镇沿双八线向北行 6.5 km 可到贾家屯村。			
地点详细说明	点位：在贾家屯通往胡家屯的沙石路东侧。 1. 距东北高压线杆 21.50 m 2. 距东南高压线杆 27.60 m			
接管单位	××省交通勘测设计院		保管者	
选点单位	国家测绘局第二地形测量队	埋石单位	国家测绘局第二地形测量队	维修单位	
选点者		埋石者		维修者	
选点日期	2013 年 12 月 3 日	埋石日期	2013 年 12 月 10 日	维修日期	
备注				

图 4-4　水准点点之记

任务二　精密光学水准仪与水准尺

为提高水准测量的精度，高等级水准测量必须采用精密水准仪进行观测。常用的精密水准仪有 S0.5 型和 S1 型，可用于国家一、二等水准测量和大型工程建筑物的施工测量及变形观测。

一、精密水准仪的结构特点

对于精密水准测量的精度而言，除了外界因素的影响外，水准仪在结构的精密性与可靠性都是非常重要的。精密水准仪必须具备以下一些特点：

1. 高质量的望远镜光学系统

为了在望远镜中能够获得水准尺上分划线的清晰影像，精密水准仪的望远镜必须具有足够的放大倍率和较大的物镜孔径。一般精密水准仪的放大倍率应大于 40 倍，物镜的孔径应大于 50 mm。

2. 稳定的仪器结构

仪器的结构必须使视准轴与水准轴之间的关系稳定，不因外界条件的变化而改变它们之间的关系。一般精密水准仪的主要构件均用特殊的合金钢制成，并在仪器上套有起隔热作用的防护罩。

3. 高精度的测微装置

精密水准仪必须有光学测微器装置，用来精确地在水准标尺上读数，以提高测量精度。一般的精密光学水准仪的光学测微器可以直接读到 0.1 mm（或 0.05 mm），估读到 0.01 mm（或 0.005 mm）。

4. 高灵敏度的管水准器

一般精密水准仪的管水准器的格值为 $10''/2$ mm。水准器的灵敏度越高，观测时要使水准器气泡居中的难度就越大，为此，在精密水准仪上必须有微倾螺旋，借以使视准轴与水准轴同时产生微量变化，从而使水准气泡较容易地精确置中，以达到视准轴的精确水平。

为了使水准器气泡比较容易精确居中，精密水准仪上必须有微倾螺旋。图 4-5 所示是 Wild N_3 精密水准仪的微倾螺旋及其作用的示意图，它是一种杠杆结构，旋动微倾螺旋时，通过着力点 D 可以带动支臂绕支点 A 转动，使其对望远镜绕转轴 C 作微量倾斜。由于望远镜与水准器是紧密相连的，于是微倾螺旋的旋转就可以使水准轴和视准轴同时产生微量的倾斜变化，借以迅速而精确地将视准轴整平。

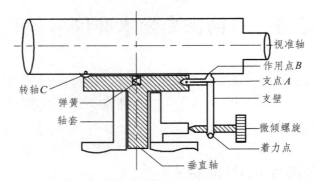

图 4-5　微倾螺旋结构示意图

5. 高性能的补偿器装置

对于自动安平水准仪，其补偿元件的质量和补偿装置的精密度，都可以影响补偿器性能的可靠性。如果补偿器不能给出正确的补偿量，补偿不足或是补偿过量，都会影响精密水准测量观测成果的精度。

二、常用精密水准仪介绍

精密水准仪的型号很多，我国目前使用较多的通常有瑞士生产的 Wild N_3、德国生产的蔡司 Ni004 和我国北京测绘仪器厂生产的 S_1 型精密水准仪等。

1. Wild N_3 精密水准仪

Wild N_3 精密水准仪的外形如图 4-6 所示。望远镜物镜的有效孔径为 50 mm，放大倍率为 40 倍，管状水准器格值为 10″/2 mm。N_3 精密水准仪与分格值为 10 mm 的精密因瓦水准标尺配套使用，标尺的基辅差为 301.55 cm。在望远镜目镜的左边上下有两个小目镜，它们是符合气泡观察目镜和测微器读数目镜，在 3 个不同的目镜中所见到的影像如图 4-7 所示。

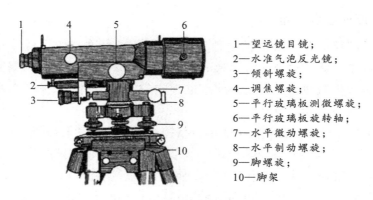

1—望远镜目镜；
2—水准气泡反光镜；
3—倾斜螺旋；
4—调焦螺旋；
5—平行玻璃板测微螺旋；
6—平行玻璃板旋转轴；
7—水平微动螺旋；
8—水平制动螺旋；
9—脚螺旋；
10—脚架

图 4-6　N_3 水准仪结构

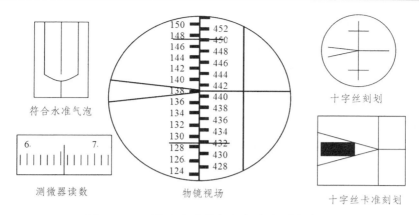

图 4-7　N₃ 精密水准仪望远视场和读数视场

（1）N₃ 精密水准仪的读数

转动倾斜螺旋，使观察目镜中的符合水准气泡两端符合，则视线精确水平，此时可转动测微螺旋使望远镜目镜中看到的楔形丝夹准水准标尺上的 138 分划线，也就是使 138 分划线平分楔角，再在测微器目镜中读出测微器读数 654（即 6.54 mm），故水平视线在水准标尺上的全部读数为 138.654 cm。

（2）N₃ 精密水准仪的测微器装置

图 4-8 是 N₃ 精密水准仪的光学测微器的测微工作原理示意图。由图可见，光学测微器由平行玻璃板、测微器分划尺、传动杆和测微螺旋等部件组成。平行玻璃板传动杆与测微分划尺相连。测微分划尺上有 100 个分格，它与 10 mm 相对应，即每分格为 0.1 mm，可估读至 0.01 mm。每 10 格有较长分划线并注记数字，每两长分划线间的格值为 1 mm。当平行玻璃板与水平视线正交时，测微分划尺上初始读数为 5 mm。转动测微螺旋时，传动杆就带动平行玻璃板相对于物镜作前俯后仰，并同时带动测微分划尺作相应的移动。平行玻璃板相对于物镜作前俯后仰，水平视线就会向上或向下作平行移动。若逆转测微螺旋，使平行玻璃板前俯到测微分划尺移至 10 mm 处，则水平视线向下平移 5 mm；反之，顺转测微螺旋使平行玻璃板后仰到测微分划尺移至 0 mm 处，则水平视线向上平移 5 mm。

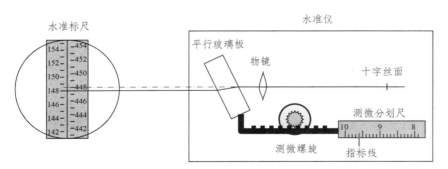

图 4-8　光学测微器的结构与读数

在图 4-8 中，当平行玻璃板与水平视线正交时，水准标尺上读数应为 a，a 在两相邻分划 148 与 149 之间，此时测微分划上读数为 5 mm，而不是 0。转动测微螺旋，平行玻璃板作前俯,使水平视线向下平移与就近的 148 分划重合,这时测微分划尺上的读数为 6.50 mm,而水平视线的平移量应为 5 ~ 6.50 mm,最后读数 a 为

$$a = 148 \text{ cm} + 6.50 \text{ mm} - 5 \text{ mm}$$

即

$$a = 148.650 \text{ cm} - 5 \text{ mm}$$

由上述可知,每次读数中应减去常数(初始读数)5 mm,但因在水准测量中计算高差时能自动抵消这个常数,所以在水准测量作业时,读数、记录、计算过程中都可以不考虑这个常数。但在单向读数时就必须减去这个初始读数。

光学平行玻璃板测微器可直接读至 0.1 mm,估读到 0.01 mm。

2. 蔡司 Ni004 精密水准仪

蔡司 Ni004 精密水准仪的外形如图 4-9 所示。

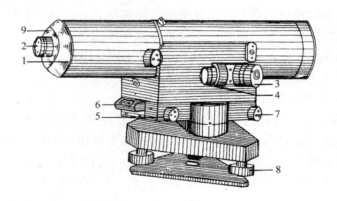

图 4-9　蔡司 Ni004 精密水准仪

1—望远镜目镜;2—调焦螺旋;3—测微鼓;4—测微鼓读数放大镜;
5—倾斜螺旋;6—概略置平水准器;7—微动螺旋;
8—脚螺旋;9—十字丝调整环

这种仪器的主要特点是对热影响的感应较小,即当外界温度变化时,水准轴与视准轴之间的交角 i 的变化很小,这是因为望远镜、管状水准器和平行玻璃板的倾斜设备等部件,都装在一个附有绝热层的金属套筒内,这样就保证了水准仪上这些部件的温度迅速达到平衡。仪器物镜的有效孔径为 56 mm,望远镜放大倍率为 44 倍,望远镜目镜视场内有左右两组楔形丝(见图 4-10),右边一组楔形丝的交角较小,在视距较远时使用,左边一组楔形丝的交角较大,在视距较近时使用,管状水准器格值为 10″/2 mm。转动测微螺旋可使水平视线在 10 mm 范围内平移,测微器的分划鼓直接与测微螺旋相连,通过放大镜在测微鼓上进行读数,测微鼓上有 100 个分格,所以测微鼓最小格值为 0.1 mm。从望远镜目镜视场中所看到的影像如图 4-10 所示,视场下部是水准器的符合气泡影像。

Ni004 精密水准仪与分格值为 5 mm 的精密因瓦水准尺配套使用。在图 4-10 中,使用测微螺旋使楔形丝夹准水准标尺上 197 分划,在测微分划鼓上的读数为 340,即 3.40 mm,水准标尺上的全部读数为 197.340 cm。

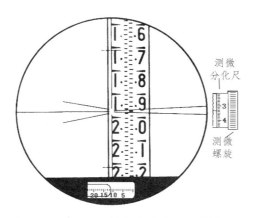

图 4-10　Ni004 精密水准仪望远镜视场

3. 国产 S₁ 型精密水准仪

S₁ 型精密水准仪是北京测绘仪器厂生产的。仪器物镜的有效孔径为 50 mm，望远镜放大倍率为 40 倍，管状水准器格值为 10″/2 mm。转动测微螺旋可使水平视线在 10 mm 范围内作平移，测微器分划尺有 100 个分格，故测微器分划尺最小格值为 0.1 mm。望远镜目镜视场中所看到的影像如图 4-11 所示，视场左边是水准器的符合气泡影像，测微器读数显微镜在望远镜目镜的右下方。

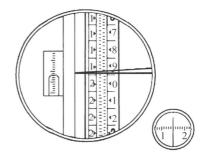

国产 S₁ 型精密水准仪与分格值为 5 mm 的精密水准标尺配套使用。

在图 4-11 中，使用测微螺旋使楔形丝夹准 198 分划，在测微器读数显微镜中的读数为 150，即 1.50 mm，水准标尺上的全部读数为 198.150 cm。

图 4-11　S₁ 型精密水准仪望远镜视场

三、精密水准标尺及构造特点

水准标尺是测定高差的长度标准，如果水准标尺的长度有误差，则对精密水准测量的观测成果带来系统性质的误差影响。为此，对精密水准标尺提出如下要求：

（1）当空气的温度和湿度发生变化时，水准标尺分划间的长度必须保持稳定，或仅有微小的变化。一般精密水准尺的分划是漆在因瓦合金带上，因瓦合金带则以一定的拉力引张在木质尺身的沟槽中，这样因瓦合金带的长度不会受木质尺身伸缩变形影响。水准标尺分划的数字是注记在因瓦合金带两旁的木质尺身上，如图 4-12（a）、（b）所示。

（2）水准标尺的分划必须十分正确与精密，分划的偶然误差和系统误差都应很小。水准标尺分划的偶然误差和系统误差的大小主要决定于分划刻度工艺的水平，当前精密水准标尺分划的偶然中误差一般在 8 ~ 11 μm。由于精密水准标尺分划的系统误差可以通过水准标尺的平均每米真长加以改正，所以分划的偶然误差代表水准标尺分划的综合精度。

（3）水准标尺在构造上应保证全长笔直，并且尺身不易发生长度和弯扭等变形。一般精密水准标尺的木质尺身均应以经过特殊处理的优质木料制作。为了避免水准标尺在使用中尺身底部磨损而改变尺身的长度，在水准标尺的底面必须钉有坚固耐磨的金属底板。

在精密水准测量作业时，水准标尺应竖立于特制的具有一定重量的尺垫或尺桩上。

（4）在精密水准标尺的尺身上应附有圆水准器装置，作业时扶尺者借以使水准标尺保持在垂直位置。在尺身上一般还应有扶尺环的装置，以便扶尺者使水准标尺稳定在垂直位置。

（5）为了提高对水准标尺分划的照准精度，水准标尺分划的形式和颜色与水准标尺的颜色相协调，一般精密水准标尺都为黑色线条分划和浅黄色的尺面相配合（见图 4-12），有利于观测时对水准标尺分划精确照准。

线条分划精密水准标尺的分格值有 10 mm 和 5 mm 两种。分格值为 10 mm 的精密水准标尺如图 4-12（a）所示，它有两排分划，尺面右边一排分划注记从 0 ~ 300 cm，称为基本分划，左边一排分划注记从 300 ~ 600 cm 称为辅助分划，同一高度的基本分划与辅助分划读数相差一个常数，称为基辅差，通常又称尺常数。水准测量作业时可以用以检查读数的正确性。分格值为 5 mm 的精密水准尺如图 4-12（b）所示，它也有两排分划，但两排分划彼此错开 5 mm，所以实际上左边是单数分划，右边是双数分划，也就是单数分划和双数分划各占一排，而没有辅助分划。木质尺面右边注记的是米数，左边注记的是分米数，整个注记从 0.1 ~ 5.9 m，实际分格值为 5 mm，分划注记比实际数值大了一倍，所以用这种水准标尺所测得的高差值必须除以 2 才是实际的高差值。

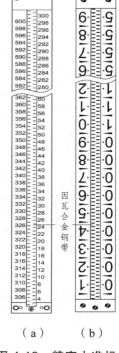

（a）　　　（b）

图 4-12　精密水准标尺

四、数字水准仪简介

数字水准仪是 20 世纪末出现的新型几何水准测量仪器，它的出现解决了水准仪自动读数的问题。数字水准仪克服了传统光学水准仪的诸多弊端，具有读数客观、速度快、精度高、劳动强度小、测量结果便于输入到计算机等特点，使其迅速得到广泛的应用。

数字水准仪测量系统主要由编码标尺和数字水准仪组成。编码标尺的刻划全部由条构成（见图 4-13）。数字水准仪主要由光学望远镜、补偿器、操作键盘、显示窗口、电池、内部微处理器及相关处理软件等部分组成。

图 4-13　编码标尺

1. 数字水准仪的一般结构

电子水准仪的望远镜光学部分和机械结构与光学自动安平水准仪基本相同。图 4-14 为望远镜光学和主要部件的结构略图。图中的部件较自动安平水准仪多了调焦发送器、补偿器监视、分光镜和线阵探测器 4 个部件：调焦发送器的作用是测定调焦透镜的位置，由此计算仪器至水准尺的概略视距值；补偿器监视的作用是监视补偿器在测量时的功能是否正常；分光镜则是将经由物镜进入望远镜的光分离成红外光和可见光两个部分，红外光传送给线阵探测器作标尺图像探测的光源，可见光源穿过十字丝分划板经目镜供观测员观测水准尺；基于 CCD 摄像原理的线阵探测器是仪器的核心部件之一，由 256 个光敏二极管组成。每个光敏二极管构成图像的一个像素。

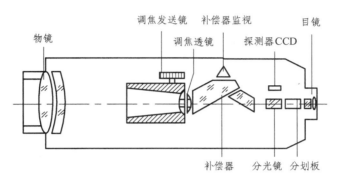

图 4-14　电子水准仪结构图

2. 徕卡数字水准仪与水准标尺

DNA03 是 Leica 第二代数字水准仪（见图 4-15）。1990 年徕卡测量系统（Leica Geosystems）的前身——瑞士威特厂在世界上率先研制出数字水准仪 NA2000。2002 年 5 月徕卡公司又推出了新型的 DNA03 数字水准仪，该仪器外形美观，大屏幕中文显示，测量数据可存入内存和 PC 卡中，并具有符合中国国家水准测量规范的丰富的机载软件。与数字水准仪配套使用的条形码水准标尺（见图 4-13），通过数字水准仪的探测器来识别水准尺上的条形码，再经过数字影像处理，给出水准尺上的读数，取代了在水准尺上的目视读数。

徕卡数字水准仪的主要功能就是"线路测量"，在此菜单下有三项命令："设置作业""设置线路""设置限差"，其功能如下：

（1）在"设置作业"里可以命名作业名称（Job），输入观测者姓名（Oper）等；

（2）在"设置线路"里输入线路名称（Name）、观测方法（Method），观测方法有 BF、BFFB、aBF、aBFFB 四种方法可供选择，各种测量方法的意义：

BF：BF（后—前）　BF（后—前）。

aBF：BF（后—前）　FB（前—后）。

BFFB：BFFB（后—前—前—后）BFFB（后—前—前—后）。

aBFFB：BFFB（后—前—前—后）FBBF（前—后—后—前）。

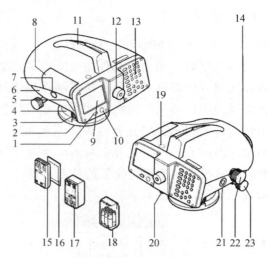

图 4-15   徕卡数字水准仪

1—开关；2—底盘；3—脚螺旋；4—水平度盘；5—电池盖操作杆；6—电池仓；7—开 PC 卡仓盖按钮；
8—PC 卡仓盖；9—显示屏；10—圆水准器；11—带有粗瞄器的提把；12—目镜；13—键盘；
14—物镜；15—GEB111 电池（选件）；16—PCMCIA 卡（选件）；17—GEB121 电池（选件）；
18—电池适配器 GAD39；19—圆水准器进光管；20—外部供电的 RS232 接口；
21—测量按钮；22—调焦螺旋；23—无限位水平微动螺旋

（3）在"限差设置"里可以设置前后视距差（DistBal）、视线长度（MaxDist）、视线高度（StafLow）、测站高差之差（StaDif）、同一标尺两次读数之差（B-B/F-F），设置的限差是否要遵守，取决于应用需要。仪器设置了可以检查限差也可以不检查限差的功能[用定位键选择检查（on）或不检查（off）限差]，如果要检查限差，只要测量成果超限，就立即报警并显示一条信息说明哪项限差超限，而且允许立即重新测量。

以上参数都设置完后，就可按照设置好的观测顺序进行观测。

3.   数字水准仪的优点

数字水准仪由于省去了报数、听记、现场计算的时间以及人为出错的重测数量，测量时间与传统仪器相比可以节省 1/3 左右，与微倾水准仪相比具有以下特点：

（1）读数客观，不存在误读、误记问题，没有人为读数误差。数据自动输出，自动存储。

（2）视线高和视距读数都是采用大量条码分划图像经处理后取平均得出的，因此削弱了标尺分划误差的影响。多数仪器都有进行多次读数取平均的功能，可以削弱外界条件影响。不熟练的作业人员也能进行高精度测量。

（3）只需调焦和按键就可以自动读数，减轻了劳动强度。视距还能自动记录、检核、处理，并能输入电子计算机进行后处理，可实现内外业一体化。可以建立简便测量或多功能测量模式，如取平均值，取中间值等。

（4）能自动进行地球曲率改正，可以自动做 i 角改正，且可以在标尺稍低于零的位置测量。

4. 数字水准仪的缺点

电子水准仪也存在一些不如光学水准仪的明显不足，主要表现为：

（1）电子水准仪对标尺进行读数不如光学水准仪灵活。电子水准仪只能对其配套标尺进行照准读数，而在有些部门的应用中，使用自制的标尺，甚至是普通的钢板尺，只要有分划线，光学水准仪就能读数，而电子水准仪则无法工作。同时，电子水准仪要求有一定的视场范围，但有些情况下，只能通过一个较窄的狭缝进行照准读数，这时就只能使用光学水准仪。

（2）电子水准仪受外界条件影响较大。由于电子水准仪是由 CCD 探测器来分辨标尺条码的图像，进而进行电子读数，而 CCD 只能在有限的亮度范围内将图像转换为用于测量的有效电信号。因此，水准标尺的亮度是很重要的，要求标尺亮度均匀，并且亮度适中。

任务三 水准测量的误差来源及影响

在进行精密水准测量时，会受到各种误差的影响，包括仪器误差、观测误差和外界因素的影响而产生的误差等。下面就几种主要的误差进行分析，并讨论对精密水准观测成果的影响及应采取的措施。

一、仪器误差

1. i 角的误差影响

虽然经过 i 角的检验校正，但要使两轴完全保持平行是困难的。因此，当水准气泡居中时，视准轴仍不能保持水平，使水准标尺上的读数产生误差，并该误差与视距成正比。

图 4-16 中，$s_{前}$，$s_{后}$ 为前后视距，由于存在 i 角，并假设 i 角不变的情况下，在前后水准标尺上的读数误差分别为 $i'' \cdot s_{前} \dfrac{1}{\rho''}$ 和 $i'' \cdot s_{后} \dfrac{1}{\rho''}$，对高差的误差影响为：

$$\delta_s = i''(s_{后} - s_{前})\frac{1}{\rho''} \tag{4-1}$$

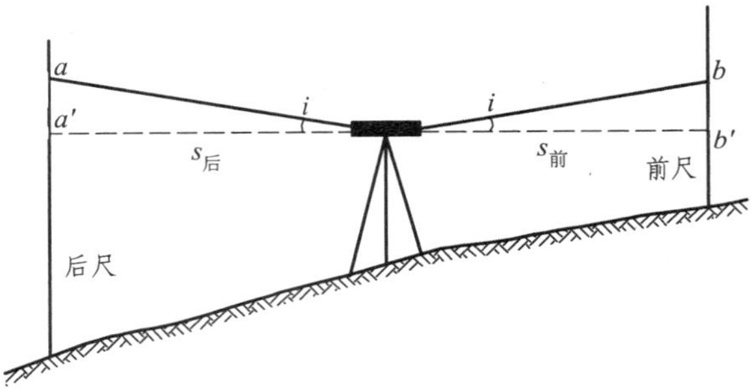

图 4-16 i 角的误差影响

对于两个水准点之间一个测段的高差总和的误差影响为

$$\sum \delta_s = i''(\sum s_{后} - \sum s_{前})\frac{1}{\rho''} \qquad (4\text{-}2)$$

由此可见，在 i 角保持不变的情况下，一个测站上的前后视距相等或一个测段的前后视距总和相等，则在观测高差中由于 i 角的误差影响可以得到消除。但在实际作业中，要求前后视距完全相等是困难的，为此必须规定一个限值。

水准测量规范规定：二等水准测量前后视距差应不大于 1 m，前后视距累积差应不大于 3 m。

2. 交叉误差的影响

当仪器不存在 i 角，则在仪器的垂直轴严格垂直时，交叉误差 φ 并不影响在水准标尺上的读数，因为仪器在水平方向转动时，视准轴与水准轴在垂直面上的投影仍保持互相平行，因此对水准测量并无不利影响。但当仪器的垂直轴倾斜时，如与视准轴正交的方向倾斜一个角度，那么这时视准轴虽然仍在水平位置，但水准轴两端却产生倾斜，从而水准气泡偏离居中位置，仪器在水平方向转动时，水准气泡将移动，当重新调整水准气泡居中进行观测时，视准轴就会偏离水平位置而倾斜，显然它将影响在水准标尺上的读数。为了减少这种误差对水准测量成果的影响，应对水准仪上的圆水准器进行检验与校正和对交叉误差 φ 进行检验与校正。

3. 水准标尺每米长度误差的影响

在精密水准测量作业中必须使用经过检验的水准标尺。设 f 为水准标尺每米间隔平均真长误差，则对一个测站的观测高差 h 应加的改正数为：

$$\delta_f = hf \qquad (4\text{-}3)$$

对于一个测段来说，应加的改正数为：

$$\sum \delta_f = f \sum h \qquad (4\text{-}4)$$

式中，$\sum h$ 为一个测段各测站观测高差之和。

4. 一对水准标尺零点差的影响

两水准标尺的零点误差不等，设 a,b 水准标尺的零点误差分别 Δa 和 Δb，它们都会在水准标尺上产生误差。

如图 4-17 所示，在测站 I 上顾及两水准标尺的零点误差对前后视水准标尺上读数 b_1,a_1 的影响，则测站 I 的观测高差为：

$$h_{12} = (a_1 - \Delta a) - (b_1 - \Delta b) = (a_1 - b_1) - \Delta a + \Delta b \qquad (4\text{-}5)$$

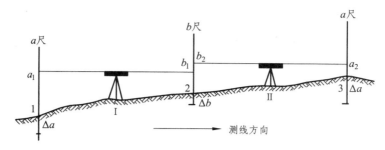

图 4-17　一对水准尺零点误差的影响

在测站 Ⅱ 上，顾及两水准标尺零点误差对前后视水准标尺上读数 a_2, b_2 的影响，则测站 Ⅱ 的观测高差为：

$$h_{23} = (b_2 - \Delta b) - (a_2 - \Delta a) = (b_2 - a_2) - \Delta b + \Delta a \qquad (4\text{-}6)$$

则 1、3 点的高差，即 Ⅰ、Ⅱ 测站所测高差之和为：

$$h_{13} = h_{12} + h_{23} = (a_1 - b_1) + (b_2 - a_2) \qquad (4\text{-}7)$$

由此可见，尽管两水准标尺的零点误差 $\Delta a \neq \Delta b$，但在两相邻测站的观测高差之和中，抵消了这种误差的影响，故在实际水准测量作业中各测段的测站数目应安排成偶数，且在相邻测站上使两水准标尺轮流作为前视尺和后视尺。

二、外界因素影响而产生的误差

1. 仪器和水准标尺（尺台或尺桩）垂直位移的影响

仪器和水准标尺在垂直方向位移所产生的误差，是精密水准测量系统误差的重要来源。

按图 4-18 中的观测程序，当仪器的脚架随时间而逐渐下沉时，在读完后视基本分划读数转向前视基本分划读数的时间内，由于仪器的下沉，视线将有所下降，而使前视基本分划读数偏小。同理，由于仪器的下沉，后视辅助分划读数偏小，如果前视基本分划和后视辅助分划的读数偏小的量相同，则采用"后—前—前—后"的观测程序所测得的基辅高差的平均值中，可以较好地消除这项误差影响。

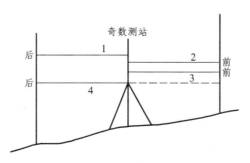

图 4-18　仪器垂直位移的影响

水准标尺（尺台或尺桩）的垂直位移，主要发生在迁站的过程中，由原来的前视尺转为后视尺而产生下沉，于是总使后视读数偏大，使各测站的观测高差都偏大，成为系统性的误差影响。这种误差影响在往返测高差的平均值中可以得到有效的抵偿，所以水准测量一般都要求进行往返测。

在实际作业中，要尽量设法减少水准标尺的垂直位移，如立尺点要选在坚实的土壤上；水准标尺立于尺台后至少要半分钟后才进行观测，这样可以减少其垂直位移量，从而减少其误差影响。

有时仪器脚架和尺台（或尺桩）也会发生上升现象，就是当用力将脚架或尺台压入地下之后，在不再用力的情况下，土壤的反作用有时会使脚架或尺台逐渐上升，如果水准测量路线沿着土壤性质相同的路线布设，而每次都有这种上升的现象发生，结果会产生系统性质的误差影响，根据研究，这种误差可以达到相当大的数值。

2. 大气垂直折光的影响

近地面大气层的密度分布一般随离开地面的高度而变化。也就是说，近地面大气层的密度存在着梯度。因此，光线在通过不断按梯度变化的大气层时，会引起折射系数的不断变化，导致视线成为一条各点具有不同曲率的曲线，在垂直方向产生弯曲，并且弯向密度较大的一方，这种现象叫做大气垂直折光。

如果在地势较为平坦的地区进行水准测量，前后视距相等，则折光影响相同，使视线弯曲的程度也相同。因此，在观测高差中就可以消除这种误差影响。但是，由于越接近地面的大气层，密度的梯度越大，前后视线离地面的高度不同，视线所通过大气层的密度也不同，折光影响也就不同，所以前后视线在垂直面内的弯曲程度也不同。如水准测量通过一个较长的坡度时，由于前视视线离地面的高度总是大于（或小于）后视视线离地面的高度，当上坡时前视所受的折光影响比后视要大，视线弯曲凸向下方，这时，垂直折光对高差将产生系统性误差影响。为了减弱垂直折光对观测高差的影响，应使前后视距尽量相等，并使视线离地面有足够的高度，在坡度较大的水准路线上进行作业时应适当缩短视距。

大气密度的变化还受到温度等因素的影响。上午由于地面吸热，使得地面上的大气层离地面越高温度越低；中午以后，由于地面逐渐散热，地面温度开始低于大气的温度。因此，垂直折光的影响，还与一天内的不同时间有关，在日出后半小时左右和日落前半小时左右这两段时间内，由于地表面的吸热和散热，使近地面的大气密度和折光差变化迅速而无规律，故不宜进行观测；在中午一段时间内，由于太阳强烈照射，使空气对流剧烈，致使目标成像不稳定，也不宜进行观测。为了减弱垂直折光对观测高差的影响，水准规范还规定每一测段的往测和返测应分别在上午或下午，这样在往返测观测高差的平均值中可以减弱垂直折光的影响。折光影响是精密水准测量一项主要的误差来源，它的影响与观测所处的气象条件、水准路线所处的地理位置和自然环境、观测时间、视线长度、测站高差以及视线离地面的高度等诸多因素有关。虽然当前已有一些试图计算折光改正数的公式，但精确的改正值还是难以测算。因此，在精密水准测量作业时必须严格遵守水准规范中的有关规定。

3. 温度变化的影响

精密水准仪的水准管框架是同望远镜筒固连的，为了使水准管轴与视准轴的联系比较稳固，这些部件采用因瓦合金钢制造，并把镜筒和框架整体装置在一个隔热性能良好的套筒内，以防止由于温度的变化，使仪器有关部件产生不同程度的膨胀或收缩，而引起 i 角的变化。

但是当温度变化时，完全避免 i 角的变化是不可能的，例如仪器受热的部位不同，对 i 角的影响也显然不同，当太阳射向物镜和目镜端影响最大，旁射水准管一侧时影响较小，旁射与水准管相对的另一侧时影响最小。因此，温度的变化对 i 角的影响是极其复杂的，试验结果表明，当仪器周围的温度均匀地每变化 1 ℃ 时，i 角将平均变化约为 0.5″，有时甚至更大些，竟可达到 1″ ~ 2″。

由于 i 角受温度变化的影响很复杂，因而对观测高差的影响难以用改变观测程序的办法来完全消除，而且，这种误差的影响在往返测不符值中也不能完全被发现，这就使高差中数受到系统性的误差影响。因此，减弱这种误差影响最有效的方法是减少仪器受辐射热的影响，如观测时打伞，避免日光直接照射仪器，以减小 i 角的复杂变化。同时，在观测开始前应将仪器预先从箱中取出，使仪器与周围空气温度一致。

如果我们认为在观测的较短时间段内，由于受温度的影响，i 角与时间成正比例地均匀变化，则可以采取改变观测程序的方法在一定程度上来消除或削弱这种误差对观测高差的影响。

两相邻测站Ⅰ、Ⅱ对于基本分划如按下列①、②、③、④程序观测，即：

在测站Ⅰ上：①后视；②前视。

在测站Ⅱ上：③前视；④后视。

则由图 4-19 可知，对测站Ⅰ，Ⅱ观测高差的影响分别为：$-S(i_2 - i_1)$ 和 $+S(i_4 - i_3)$，S 为视距，i_1，i_2，i_3，i_4 为相应于每次中丝读数时的 i 角。

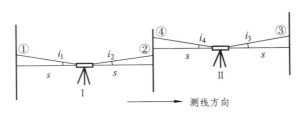

图 4-19　温度变化对 i 角的影响

由于认为在观测的较短时间段内，i 角与时间成正比例地均匀变化，所以 $(i_2 - i_1) = (i_4 - i_3)$，由此可见在测站Ⅰ，Ⅱ的观测高差之和中就抵消了由于 i 角变化的误差影响。但是，由于 i 角的变化不可能完全按照与时间成比例地均匀变化，因此，严格地说，$(i_2 - i_1)$ 与 $(i_4 - i_3)$ 不一定完全相等，再者相邻奇偶测站的视距也不一定相等，所以按上述程序进行观测，只能基本上消除由于 i 角变化的误差影响。

同样的道理，对于相邻测站Ⅰ，Ⅱ辅助分划的观测程序应为：

在测站Ⅰ上：①前视；②后视。

在测站Ⅱ上：③后视；④前视。

综上所述，在相邻两个测站上，对于基本分划和辅助分划的观测程序可以归纳为：

奇数站的观测程序：后（基）—前（基）—前（辅）—后（辅）。

偶数站的观测程序：前（基）—后（基）—后（辅）—前（辅）。

所以，将测段的测站数安排成偶数，对于削减由于i角变化对观测高差的误差影响也是必要的。

三、观测误差的影响

精密水准测量的观测误差，主要有水准器气泡居中的误差、照准水准标尺上分划的误差和读数误差。这些误差都具有偶然误差性质，由于精密水准仪有微倾螺旋和符合水准器，并有光学测微器装置，可以提高水准器气泡居中的精度和读数精度，同时用楔形丝照准标尺上的分划线，可以减小照准误差。因此，这些误差影响都可以有效地控制在很小的范围内。根据试验结果分析，这些误差对每测站上由基辅分划所得观测高差的平均值的影响还不到 0.1 mm。

任务四　精密水准仪及水准尺的检验

为了保证水准测量成果的精度，在水准测量作业开始前，需对所用的水准仪和水准标尺，按国家水准测量规范的规定进行必要的检验。

一、精密水准仪的检验

精密水准仪的检验项目主要包括水准仪的检视、概略水准器的检校、i角误差的检校、测微器隙动差和分划值的测定等。

1. 水准仪的检视

此项检验，要求从外观上对水准仪做出评价，并作记载。检查项目和内容如下：

（1）外观检查：各部件是否清洁，有无碰伤、划痕、污点、脱胶、镀膜脱落等现象。

（2）转动部件检查：各转动部件、转动轴和调整制动等转动是否灵活、平稳，各部件有无松动、失调、明显晃动，螺纹的磨损程度等。

（3）光学性能检查：望远镜视场是否明亮、清晰、均匀，调焦性能是否正确等。

（4）补偿性能检查：对于自动安平水准仪应检查其补偿器是否正常，有无沾摆现象。

（5）设备件数清点：仪器部件及附件和备用零件是否齐全。

2. 水准仪上概略水准器的检校

用脚螺旋使概略水准气泡居中，然后旋转仪器180°。此时若气泡偏离中央，则用水准器改正螺丝改正其偏差的一半，用脚螺旋改正另一半，使气泡回到中央。

如此反复检校，直到仪器无论转到任何方向，气泡中心始终位于中央时为止。

3. i 角误差的检验与校正

测定 i 角的方法很多，但基本原理是相同的，都是利用 i 角对水准标尺上读数的影响与距离成比例这一特点，从而比较在不同距离的情况下，水准标尺上读数的差异而求出 i 角。

一般测定 i 角的方法是：距仪器 s 和 $2s$ 处分别选定 A 点和 B 点，以便安置水准标尺，A，B 两点的高差是未知数，我们要测定的 i 角也是未知数，所以要选定两个安置仪器的点 J_1 和 J_2，如图 4-20 所示。在 J_1 和 J_2 点分别安置仪器测量 A，B 两点间的高差，得到两份成果，建立相应的方程式，从而求出 i 角。

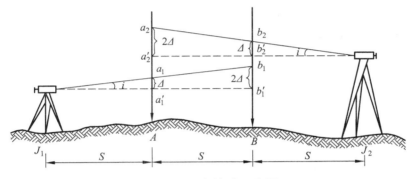

图 4-20　i 角检验示意图

在 J_1 测站上，照准水准标尺 A 和 B，读数为 a_1 和 b_1，当 $i=0$ 时，水平视线在水准标尺上的正确读数应为 a_1' 和 b_1'，所以由于 i 角引起的误差分别为 Δ 和 2Δ。同样，在 J_2 测站上，照准水准标尺 A 和 B，读数为 a_2 和 b_2，正确读数应为 a_2' 和 b_2'，其误差分别为 2Δ 和 Δ。

在测站 J_1 和 J_2 上得到 A，B 两点的正确（没有 i 角影响）高差分别为：

$$h_1' = a_1' - b_1' = (a_1 - \Delta) - (b_1 - 2\Delta) = a_1 - b_1 + \Delta$$
$$h_2' = a_2' - b_2' = (a_2 - 2\Delta) - (b_2 - \Delta) = a_2 - b_2 - \Delta$$

（4-8）

如不顾及其他误差的影响，则 $h_1' = h_2'$，所以由（4-8）式可得：

$$2\Delta = (a_2 - b_2) - (a_1 - b_1)$$

（4-9）

式中，$(a_2 - b_2)$ 和 $(a_1 - b_1)$ 是仪器存在 i 角时，分别在测站 J_2 和 J_1 测得 A，B 两点间的观测高差，以 h_2 和 h_1 表示，则式（4-9）可写为：

$$\Delta = \frac{1}{2}(h_2 - h_1)$$

（4-10）

由图 4-20 可知：

$$\Delta = i''s\frac{1}{\rho}$$

故 $\qquad i'' = \frac{\rho}{s}\Delta \qquad\qquad\qquad\qquad （4-11）$

为了简化计算，i 角测定时使 $s = 20.6$ m，则

$$i'' = 10\Delta \qquad\qquad\qquad\qquad （4-12）$$

式（4-12）中 Δ 以 mm 为单位，Δ 可按（4-11）式计算。i 角误差的检验见表 4-1。

水准测量规范规定，用于精密水准测量的仪器，如果 i 角大于 $15''$，则需要进行校正。

表 4-1　i 角误差的检验

仪器：N_3　No：777017　　　　标尺：11687　11688　　　　观测者：×××

日期：2011 年 8 月 25 日　　　成像：清晰　　　　　　　　记录者：×××

仪器站	观测次序	标尺读数		高差（$a-b$）（mm）	i 角计算
		A 尺读数 a	B 尺读数 b		
J_1	1	198　712	199　140		
	2	708	142		
	3	704	154		
	4	708	150		
	中数	198　708	199　146	−4.38	$s = 20.6$ m $2\Delta = (a_2 - b_2) - (a_1 - b_1)$ $\quad = -0.10$ mm $i'' = 10\Delta = -0.50''$
J_2	1	210　952	211　394		
	2	956	410		
	3	944	396		
	4	958	400		
	中数	210　952	211　400	−4.48	

4. 光学测微器隙动差和分划值的测定

光学测微器是精确测定小于水准标尺分划间隔尾数的设备。测微器本身效用是否正确，测微器分划尺的分划值是否正确都会直接影响到读数的精度。因此，在作业前应进行此项检验和测定。

测定测微器分划值的基本思想是：利用一根分划值经过精密测定的特制分划尺和测微器分划尺进行比较求得。将特制分划尺竖立在与仪器等高的一定距离处，旋转测微螺旋，使楔形丝先后对准特制分划尺上两相邻的分划线，这时测微器分划尺移动了 L 格。现设特制分划尺上分划线间隔值为 d，测微器分划尺一个分格的值为 g，则：

$$g = \frac{d}{L} \qquad\qquad\qquad\qquad （4-13）$$

此项检验应选择在成像清晰稳定的时间内进行，在距离仪器 5~6 m 处竖立特制分划尺，可以选用三级标准线纹尺或其他同等精度钢尺，用其 1 mm 刻划面进行此项检验。

（1）观测方法

测定时，应使测微器上所有使用的分划线均受到检验，测定应进行三组，每组应观测5个测回，每测回分往测（旋进或旋出）和返测（旋出或旋进）。

测定开始时将仪器整置水平，并将测微器转到零分划附近，然后选取标准尺上6根间隔为5 mm的分划线，使中丝与一分划线重合，此时，在测微器上的读数应在0至3格范围。

每测回的操作如下：

往测：旋进（或旋出）光学测微器依次照准1至6的每根刻划线。每次照准时，使中丝与分划线重合，并读取测微器读数为 a。

返测：往测完后马上进行返测，旋出（或旋进）光学测微器依次以相反方向照准6至1的每根刻划线，读数方法同往测，读数为 b。

其余各测回观测同（1），5个测回组成一组，以后各组之观测与第一组同。

（2）计算方法

测微器隙动差 Δ：

$$\Delta = \sum(a_0 - b_0)/18 \qquad\qquad (4\text{-}14)$$

式中，a_0，b_0 为特制分划尺每根分划的读数 a，b 的每组平均值。

测微器分划值：

$$g = \sum d / \sum L \qquad\qquad (4\text{-}15)$$

式中，d 为中丝对准标准尺首末分划间隔（mm）；L 为对准首、末分划时测微器转动量（格）。

按水准测量规范规定，实测格值与名义格值之差，即测微器分划线偏差应小于0.001 mm，否则应送厂修理。

光学测微器隙动差的测定，主要是比较旋进测微螺旋和旋出测微螺旋，照准特制分划尺上同一分划线在测微器分划尺上的读数，如果读数差 Δ 超过2格，表明测微器效用不正确，其主要原因是测微器装置不完善。为了避免这种误差的影响，规范规定在作业时只采用旋进测微螺旋进行读数。Δ 过大时，应送厂修理。

二、精密水准尺的检验

根据《国家一、二等水准测量规范》规定，在精密水准测量作业前需要对水准尺检验的项目包括：

（1）标尺的检视。

（2）标尺圆水准器的检校。

（3）标尺分划面弯曲差的测定。

（4）标尺名义米长及分划偶然中误差的测定。

（5）标尺尺带拉力的测定。

（6）标尺温度膨胀系数的测定。

（7）一对水准标尺零点不等差及基辅分划读数差的测定。

对于新购置的水准标尺，还需进行标尺中轴线与标尺底面垂直性等项目的检验。

1. 水准标尺的检视

此项检验，要求从外观上对水准标尺作出评价，并作记载。检查内容如下：

（1）标尺有无凹陷、裂缝、碰伤、划痕、脱漆等现象；

（2）标尺刻划线和注记是否粗细均匀、清晰、有无异常伤痕，能否读数。

2. 水准标尺上圆气泡的检校

（1）在距仪器约50 m处的尺桩上安置水准标尺，使水准标尺的中线（或边缘）与望远镜竖丝精密重合。如标尺上的气泡偏离，则用改针将标尺圆气泡导至中央。

（2）将水准标尺旋转180°，使水准标尺的中线（或边缘）与望远镜竖丝精密重合。观察气泡，若气泡居中，表示标尺此面已经垂直，否则应对水准仪十字丝进行检校。

（3）旋转水准标尺90°，检查标尺另一面是否垂直，其检验方法同（1），（2）。

（4）如此反复检校多次，使标尺能按尺面上圆水准器准确地竖直。

3. 水准标尺分划面弯曲差的测定

水准标尺分划面如有弯曲，观测时将使读数失之过大。水准标尺分划面的弯曲程度用弯曲差来表示。所谓弯曲差即通过分划面两端点的直线中点至分划面的距离。弯曲差愈大表示标尺愈弯曲。

设弯曲的分划面长度为 l，分划面两端点间的直线长度 L。则尺长变化 $\Delta l = l - L$。若测得分划面的弯曲差为 f。可导得尺长变化 Δl 与弯曲差 f 的关系式：

$$\Delta l = \frac{8f^2}{3l} \tag{4-16}$$

由于分划面的弯曲引起的尺长改正数 Δl 可按式（4-16）计算。设标尺的名义长度 $l = 3$ m；测得 $f = 4$ mm，则 $\Delta l = 0.014$ mm，影响每米分划平均真长为 0.005 mm，对高差的影响是系统性的。水准测量规范规定，对于线条式因瓦水准标尺，弯曲差 f 不得大于 4 mm，超过此限值时，应对水准标尺施加尺长改正。

弯曲差的测定方法是：在水准标尺的两端点引张一条细线，量取细线中点至分划面的距离，即为标尺的弯曲差。

4. 一对水准标尺每米分划真长的测定

按水准测量规范规定，精密水准标尺在作业开始之前和作业结束后应送专门的检定部门进行每米真长的检验，取一对水准标尺的检定成果的中数作为一对水准标尺平均每米真长。一对水准标尺的平均每米真长与名义长度 1 m 之差称为平均米真长误差，以 f 表示，则：

$$f = 平均米真长 - 1\,m \tag{4-17}$$

用于精密水准测量的水准标尺，水准测量规范规定，如果一对水准标尺的平均米真长误差大于 0.1 mm 就不能用于作业。当一对水准标尺平均米真长误差大于 0.02 mm，则应对水准测量的观测高差施加每米真长改正 δ，从而得到改正后的高差 h'，即：

$$h' = h + \delta = h + fh \tag{4-18}$$

式中，h 以 m 为单位，f 以 mm/m 为单位。

5. 一对水准标尺零点不等差及基辅分划读数差的测定

水准标尺的注记是从底面算起的，对于分格值为 10 mm 的精密因瓦水准标尺，如果从底面至第一分划线的中线的距离不是 10 mm，其差数叫做零点误差。一对水准标尺的零点误差之差，叫做一对水准标尺的零点不等差。当水准标尺存在这种误差时，在水准测量一个测站的观测高差中，就含有这种误差的影响。在后面的章节中将可以得到证实，在相邻两测站所得观测高差之和中，这种误差的影响可以得到抵消。因此，水准测量规范规定在水准路线的每个测段应安排成偶数测站。

在同一视线高度时，水准尺上的基本分划与辅助分划的读数差，称为基辅差，也称为尺常数，对于 1 cm 分格的水准标尺（如 Wild N$_3$ 精密水准标尺）为 3.015 50 m。如果检定结果与名义值相差过大，则在水准测量检核计算时应考虑这一误差。

检定的方法是：在距仪器 20 ~ 30 m 处竖立水准标尺，整平仪器后，分别对水准标尺的基本分划与辅助分划各读数三次，再竖立另一水准标尺，读数如前。为了提高检定的精度，需检定三测回，每测回都要将水准标尺分别竖立在三个木桩上进行读数。

任务五　精密水准测量的外业观测与记录

精密水准测量一般指国家一、二等水准测量，在各项工程的不同建设阶段的高程控制测量中，极少进行一等水准测量，故在工程测量技术规范中，将水准测量分为二、三、四等三个等级，其精度指标与国家水准测量的相应等级一致。

下面以二等水准测量为例来说明精密水准测量的实施。

一、精密水准测量作业的一般规定

在前一节中，分析了有关水准测量的各项主要误差的来源及其影响。根据各种误差的性质及其影响规律，水准规范中对精密水准测量的实施作出了各种相应的规定，目的在于尽可能消除或减弱各种误差对观测成果的影响。

（1）观测前 30 min，应将仪器置于露天阴影处，使仪器与外界气温趋于一致；观测时应用测伞遮蔽阳光；迁站时应罩以仪器罩。

（2）仪器距前、后视水准标尺的距离应尽量相等，其差应小于规定的限值：二等水准测量中规定，一测站前、后视距差应小于 1.0 m，前、后视距累积差应小于 3 m。这样，可以消除或削弱与距离有关的各种误差对观测高差的影响，如 i 角误差和垂直折光等影响。

（3）对气泡式水准仪，观测前应测出倾斜螺旋的置平零点，并作标记，随着气温变化，应随时调整置平零点的位置。对于自动安平水准仪的圆水准器，须严格置平。

（4）同一测站上观测时，不得两次调焦；转动仪器的倾斜螺旋和测微螺旋，其最后旋转方向均应为旋进，以避免倾斜螺旋和测微器隙动差对观测成果的影响。

（5）在两相邻测站上，应按奇、偶数测站的观测程序进行观测，对于往测奇数测站按"后—前—前—后"、偶数测站按"前—后—后—前"的观测程序在相邻测站上交替进行。返测时，奇数测站与偶数测站的观测程序与往测时相反，即奇数测站由前视开始，偶数测站由后视开始。这样的观测程序可以消除或减弱与时间成比例均匀变化的误差对观测高差的影响，如 i 角的变化和仪器的垂直位移等影响。

（6）在连续各测站上安置水准仪时，应使其中两脚螺旋与水准路线方向平行，而第三脚螺旋轮换置于路线方向的左侧与右侧。

（7）每一测段的往测与返测，其测站数均应为偶数，由往测转向返测时，两水准标尺应互换位置，并应重新整置仪器。在水准路线上每一测段测站应安排成偶数，可以削减两水准标尺零点不等差等误差对观测高差的影响。

（8）每一测段的水准测量路线应进行往测和返测，这样，可以消除或减弱性质相同、正负号也相同的误差影响，如水准标尺垂直位移的误差影响。

（9）一个测段的水准测量路线的往测和返测应在不同的气象条件下进行，如分别在上午和下午观测。

（10）使用补偿式自动安平水准仪观测的操作程序与水准器水准仪相同。观测前对圆水准器应严格检验与校正，观测时应严格使圆水准器气泡居中。

（11）水准测量的观测工作间歇时，最好能结束在固定的水准点上，否则，应选择两个坚稳可靠、光滑突出、便于放置水准标尺的固定点，作为间歇点加以标记。间歇后，应对两个间歇点的高差进行检测，检测结果如符合限差要求（对于二等水准测量，规定检测间歇点高差之差应 ≤1.0 mm），就可以从间歇点起测。若仅能选定一个固定点作为间歇点，则在间歇后应仔细检视，确认没有发生任何位移，方可由间歇点起测。

二、精密水准测量观测

1. 测站观测程序

往测时，奇数测站照准水准标尺分划的顺序为：后视标尺的基本分划；前视标尺的基本分划；前视标尺的辅助分划；后视标尺的辅助分划。

往测时，偶数测站照准水准标尺分划的顺序为：前视标尺的基本分划；后视标尺的基本分划；后视标尺的辅助分划；前视标尺的辅助分划。

返测时，奇、偶数测站照准标尺的顺序分别与往测偶、奇数测站相同。

按光学测微法进行观测，以往测奇数测站为例，一测站的操作程序如下：

（1）置平仪器。气泡式水准仪望远镜绕垂直轴旋转时，水准气泡两端影像的分离，不得超过 1 cm，对于自动安平水准仪，要求圆气泡位于指标圆环中央。

（2）将望远镜照准后视水准标尺，使符合水准气泡两端影像近于符合（双摆位自动安平水准仪应置于第 Ⅰ 摆位）。随后用上、下丝分别照准标尺基本分划进行视距读数［见表 4-2 中的（1）和（2）］。视距读取 4 位，第四位数由测微器直接读得。然后，使符合水准气泡两端影像精确符合，使用测微螺旋用楔形平分线精确照准标尺的基本分划，并读取标尺基本分划和测微分划的读数（3）。测微分划读数取至测微器最小分划。

（3）旋转望远镜照准前视标尺，并使符合水准气泡两端影像精确符合（双摆位自动安平水准仪仍在第 Ⅰ 摆位），用楔形平分线照准标尺基本分划，并读取标尺基本分划和测微分划的读数（4）。然后用上、下丝分别照准标尺基本分划进行视距读数（5）和（6）。

（4）用水平微动螺旋使望远镜照准前视标尺的辅助分划，并使符合气泡两端影像精确符合（双摆位自动安平水准仪置于第 Ⅱ 摆位），用楔形平分线精确照准并进行标尺辅助分划与测微分划读数（7）。

（5）旋转望远镜，照准后视标尺的辅助分划，并使符合水准气泡两端影像精确符合（双摆位自动安平水准仪仍在第 Ⅱ 摆位），用楔形平分线精确照准并进行辅助分划与测微分划读数（8）。

2. 精密水准测量的测站检核计算

表 4-2 中第（1）至（8）栏是读数的记录部分，（9）至（18）栏是计算部分，现以往测奇数站的观测程序为例，来说明计算内容与计算步骤。

视距部分的计算：

（9）=（1）-（2）

（10）=（5）-（6）

（11）=（9）-（10）

（12）=（11）+前站（12）

高差部分的计算与检核：

（14）=（3）+ K -（8）

式中，K 为基辅差（对于 N₃ 水准标尺而言 $K = 3.0155$ m）。

（13）=（4）+ K -（7）

（15）=（3）-（4）

（16）=（8）-（7）

（17）=（14）-（13）=（15）-（16）检核

（18）= $\frac{1}{2}$［（15）+（16）］

表 4-2 一（二）等水准观测记录

测 自 Ⅱ沈抚1 至 Ⅱ沈抚2 　　　　　2013 年 7 月 26 日
时刻 始 9 时 25 分末 时 分 　　　　　成 像 清晰
温度 25 云量 2 　　　　　风向风速 S2
天气 晴 土质 坚实土 　　　　　太阳方向 右前

测站编号	前尺 上丝 下丝		前尺 上丝 下丝		方向及尺号	标尺 读数		基+K 减辅 （一减二）	备考
	后 距		前 距			基本分划 （一次）	辅助分划 （二次）		
	视距差 d		∑d						
奇	（1）		（5）		后	（3）	（8）	（14）	
	（2）		（6）		前	（4）	（7）	（13）	
	（9）		（10）		后－前	（15）	（16）	（17）	
	（11）		（12）		h	（18）			
1	2 406		1 809		后 31	219.83	521.38	0	
	1 986		1 391		前 32	160.06	461.63	－2	
	420		418		后－前	+059.77	+059.75	+2	
	+2		+2		h	+059.760			
2	1 800		1 639		后 32	157.40	458.95	0	
	1 351		1 189		前 31	141.40	442.92	+3	
	449		450		后－前	+016.00	+016.03	－3	
	－1		+1		h	+016.015			
3	1 825		1 962		后 31	160.32	461.88	－1	
	1 383		1 523		前 32	175.27	475.82	0	
	442		439		后－前	－013.95	－013.94	－1	
	+3		+4		h	－013.945			
4	1 728		1 884		后 32	150.81	452.36	0	
	1 285		1 439		前 31	166.19	467.74	0	
	443		445		后－前	-015.38	－015.38	0	
	－2		+2		h	－015.380			
					后				
					前				
					后－前				
					h				
测段计算	7 759		7 294		后	688.36	895.57		
	6 005		5 542		前	641.92	1 848.11		
	1 754		1 752		后－前	+046.44	+046.46		
	3 506		+2		h	+046.450			

以上即一测站全部操作与观测过程。一、二等精密水准测量外业计算尾数取位如表 4-3 规定。

表 4-3　一、二等精密水准测量外业计算尾数取位

项目等级	往（返）测距离总和/km	测段距离中数/km	各测站高差/mm	往（返）测高差总和/mm	测段高差中数/mm	水准点高程/mm
一	0.01	0.1	0.01	0.01	0.1	1
二	0.01	0.1	0.01	0.01	0.1	1

表 4-2 中的观测数据系用 N_3 精密水准仪测得的，当用 S1 型或 Ni004 精密水准仪进行观测时，由于与这种水准仪配套的水准标尺无辅助分划，故在记录表格中基本分划与辅助分划的记录栏内，分别记入第一次和第二次读数。

3. 水准测量限差（见表 4-4）

表 4-4　一、二等水准测量的技术要求

等级	视线长度		前后视距差/m	前后视距累积差/m	视线高度（下丝读数）/m	基辅分划读数差/mm	基辅分划所得高差之差/mm	上下丝读数平均值于中丝读数之差		水准路线测段往返测高差不符值/mm
	仪器类型	视距/m						0.5 cm 分划标尺/mm	1 cm 分划标尺/mm	
一	S_{05}	≤30	≤0.5	≤1.5	≥0.5	≤0.3	≤0.4	≤1.5	≤3.0	$\leq \pm 2\sqrt{K}$
二	S_1	≤50	≤1.0	≤3.0	≥0.3	≤0.4	≤0.6	≤1.5	≤3.0	$\leq \pm 4\sqrt{K}$
	S_{05}	≤50								

注：L 为往返测段、符合、闭合或环线的长度（km）。

若测段路线往返测高差不符值、附合路线和环线闭合差以及检测已测测段高差之差的限值见表 4-5。

表 4-5　水准测量的主要技术要求

项目等级	测段路线往返测高差不符值/mm	附合路线闭合差/mm	环线闭合差/mm	检测已测测段高差之差/mm
一等	$\pm 2\sqrt{K}$	$\pm 2\sqrt{L}$	$\pm 2\sqrt{F}$	$\pm 3\sqrt{R}$
二等	$\pm 4\sqrt{K}$	$\pm 4\sqrt{L}$	$\pm 4\sqrt{F}$	$\pm 6\sqrt{R}$

注：① 结点之间或结点与高级点之间，其路线的长度不应大于表中规定的 0.7 倍。
② L 为往返测段附合或环线的水准路线长度（km）；n 为测站数。
③ 数字水准仪测量的技术要求和同等级的光学水准仪相同。
④ 工程测量规范没有"一等水准测量"。

若测段路线往返测不符值超限，应先就可靠程度较小的往测或返测进行整测段重测；附合路线和环线闭合差超限，应就路线上可靠程度较小，往返测高差不符值较大或观测条件较差的某些测段进行重测，如重测后仍不符合限差，则需重测其他测段。

4. 水准测量的精度

水准测量的精度根据往返测的高差不符值来评定，因为往返测的高差不符值集中反映了水准测量各种误差的共同影响，这些误差对水准测量精度的影响，不论其性质和变化规律都是极其复杂的，其中有偶然误差的影响，也有系统误差的影响。

根据研究和分析可知，在短距离，如一个测段的往返测高差不符值中，偶然误差是得到反映的，虽然也不排除有系统误差的影响，但毕竟由于距离短，所以影响很微弱，因而从测段的往返高差不符值 Δ 来估计偶然中误差还是合理的。在长的水准线路中，例如一个闭合环，影响观测的除偶然误差外还有系统误差，而且这种系统误差，在很长的路线上，也表现有偶然性质。环形闭合差表现为真误差的性质，因而可以利用环形闭合差 W 来估计含有偶然误差和系统误差在内的全中误差，现行水准规范中所采用的计算水准测量精度的公式，就是以这种基本思想为基础而导得的。

由 n 个测段往返测的高差不符值 Δ 计算每千米单程高差的偶然中误差（相当于单位权观测中误差）的公式为：

$$\mu = \pm\sqrt{\dfrac{\dfrac{1}{2}\left[\dfrac{\Delta\Delta}{R}\right]}{n}} \tag{4-19}$$

往返测高差平均值的每千米偶然中误差为：

$$M_\Delta = \frac{1}{2}\mu = \pm\sqrt{\frac{1}{4n}\left[\frac{\Delta\Delta}{R}\right]} \tag{4-20}$$

式中，Δ 是各测段往返测的高差不符值，以 mm 为单位；R 是各测段的距离，以 km 为单位；n 是测段的数目。（4-20）式就是水准规范中规定用以计算往返测高差平均值的每千米偶然中误差的公式，这个公式是不严密的，因为在计算偶然误差时，完全没有顾及系统误差的影响。顾及系统误差的严密公式，形式比较复杂，计算也比较麻烦，而所得结果与（4-20）式所算得的结果相差甚微，所以（4-20）式可以认为是具有足够可靠性的。

按水准规范规定，一、二等水准路线须以测段往返高差不符值按（4-20）式计算每千米水准测量往返高差中数的偶然中误差 M_Δ。当水准路线构成水准网的水准环超过 20 个时，还需按水准环闭合差 W 计算每千米水准测量高差中数的全中误差 M_W。

计算每千米水准测量高差中数的全中误差的公式为

$$M_W = \pm\sqrt{\frac{W^\mathrm{T}Q^{-1}W}{N}} \tag{4-21}$$

式中，W 是水准环线经过正常水准面不平行改正后计算的水准环闭合差矩阵，W 的转置矩阵 $W^\mathrm{T} = (w_1, w_2, \cdots, w_N)$，$w_i$ 为 i 环的闭合差，以 mm 为单位；N 为水准环的数目，协因数矩阵 Q 中对角线元素为各环线的周长 $F_1, F_2, \cdots, F_N$，非对角线元素，如果图形不相邻，则一律为零，如果图形相邻，则为相邻边长度（千米数）的负值。

每千米水准测量往返高差中数偶然中误差 M_Δ 和全中误差 M_W 的限值列于表 4-6 中。

表 4-6

等级	一等	二等
M_Δ/mm	≤0.45	≤1.0
M_W/mm	≤1.0	≤2.0

偶然中误差 M_Δ，全中误差 M_W 超限时，应分析原因，重测有关测段或路线。

任务六　水准测量的内业工作

精密水准测量外业结束后需进行内业的工作。在对外业观测资料进行严格的检查，确认正确无误、各项限差都符合要求后，方可进行内业计算工作。精密水准测量的内业计算主要包括水准测量的概算和平差计算。

一、水准测量的概算

水准测量的概算主要内容有：观测高差的各项改正数的计算和水准点概略高程表的编算等。

1. 水准标尺每米长度误差的改正数计算

水准标尺每米长度误差对高差的影响是系统性质的。根据规定，当一对水准标尺每米长度的平均误差 f 大于 ±0.02 mm 时，就要对观测高差进行改正，对于一个测段的改正 $\sum \delta_f$ 可按（4-22）式计算，即：

$$\sum \delta_f = f \sum h \tag{4-22}$$

由于往返测观测高差的符号相反，所以往返测观测高差的改正数也将有不同的正负号。

设有一对水准标尺，经检定，一米间隔的平均真长为 999.96 mm，则 f =（999.96 − 1 000）= −0.04 mm。在表 4-7 中第一测段，即从 Ⅰ 柳宝 35$_\text{基}$ 到 Ⅱ 宜柳 1 水准点的往返测高差 $h = 20.345$ m，则该测段往返测高差的改正数 $\sum \delta_f$ 为：

$$\sum \delta_f = -0.04 \times 20.345 = -0.81 \text{ mm}$$

2. 正常水准面的不平行性改正

如果假定不同高程的水准面是互相平行的，那么水准测量所测定的高差，就是水准面之间的垂直距离，这种假定在较短距离的情况下与实际相差不大，而在较长距离时，这种假定是不正确的。

在空间重力场中的任何物质都受到重力的作用而使其具有位能。对于水准面上的单位质点而言，它的位能大小与质点所处高度及该点重力加速度有关。我们把这种随着位置和重力加速度大小而变化的位能称为重力位能，并以 W 表示，则有：

$$W = gh \qquad\qquad (4\text{-}23)$$

式中，g 为重力加速度；h 为单位质点所处的高度。

我们知道，同一水准面上各点的重力位能相等，因此，水准面又称重力等位面，或称正常水准面。如果将单位质点从一个正常水准面提到相距 Δh 的另一个正常水准面，其所做的功就等于两正常水准面的位能差，即 $\Delta W = g\Delta h$。在图 4-21 中，设 Δh_A，Δh_B 分别表示两个非常接近的正常水准面在 A，B 两点的垂直距离，g_A，g_B 为 A，B 两点的重力加速度，由于正常水准面具有重力位能相等的性质，因此，A，B 两点所在水准面的位能差 ΔW 应有下列关系

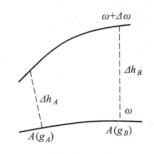

图 4-21 正常水准面的不平行性

$$\Delta W = g_A \cdot \Delta h_A = g_B \cdot \Delta h_B \qquad\qquad (4\text{-}24)$$

我们知道，在同一水准面上的不同点重力加速度 g 值是不同的，因此由式（4-24）可知，Δh_A 与 Δh_B 必定不相等。也就是说，任何两邻近的正常水准面之间的距离在不同的点上是不相等的，并且与作用在这些点上的重力成反比。以上的分析表明正常水准面不是相互平行的，这是水准面的一个重要特性，称为正常水准面不平行性。

重力加速度 g 值是随纬度的不同而变化的，在赤道处有较小的 g 值，而在两极处 g 值较大。因此相互不平行的正常水准面向两极收敛，是接近椭圆形的曲面。

正常水准面的不平行性，对水准测量将产生什么影响呢？

我们知道，水准测量所测定的高程是由水准路线上各测站所得高差求和而得到的，在图 4-22 中，地面点 B 的高程可以沿水准路线 OAB 按各测站测得的高差 Δh_1，Δh_2，…之和求数值为：

$$H^B_{测} = \sum_{OAB} \Delta h \qquad\qquad (4\text{-}25)$$

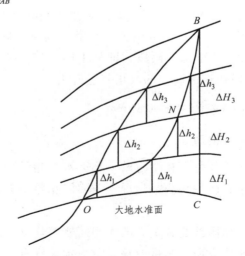

图 4-22 正常水准面不平行性对水准测量的影响

如果沿另一条水准路线 ONB 施测，则 B 点的高程应为水准路线 ONB 各测站测得高差 $\Delta h_1'$，$\Delta h_2'$，…之和，即：

$$H'^{B}_{测} = \sum_{ONB} \Delta h' \tag{4-26}$$

由于正常水准面的不平行性，可知 $\sum_{OAB} \Delta h \neq \sum_{ONB} \Delta h'$，因此 $H^{B}_{测}$ 与 $H'^{B}_{测}$ 必定不相等。也就是说，用水准测量测得两点间的高差随测量所循水准路线不同而不同。

由此可见，即使水准路线完全没有误差，但是由于 $H^{B}_{测} \neq H'^{B}_{测}$，水准路线构成闭合环 $OABNO$ 的闭合差也不为零。在环形水准路线中，由于正常水准面的不平行性所产生的闭合差称为理论闭合差。

由于正常水准面的不平行性，两高程控制点间的高差沿不同的水准测量路线所测得的结果不一致。为了使点的高程有唯一确定的数值，就必须在观测高差中加入正常水准面不平行改正数。这也就是采用统一高程系统的问题，我国采用统一的高程系统是正常高高程系统，在这个高程系统中，地面点的正常高高程是以似大地水准面为基准面的高程。

将观测高差归算为正常高高差，应加入正常水准面不平行改正数，即：

$$\varepsilon_i = -AH_i\Delta\varphi_i' \tag{4-27}$$

式中，ε_i 为水准测量路线中第 i 测段的正常水准面不平行改正数，单位为 mm；A 为常系数，$A = 0.000\ 001\ 537\ 1\sin 2\varphi$，$\varphi$ 为水准路线的纬度中数；H_i 为第 i 测段始末点的近似高程平均值，单位为 m；$\Delta\varphi_i' = \varphi_2 - \varphi_1$，为第 i 测段始末点的纬度差，单位为角分，其值由水准点点之记或水准测量路线图中查取。

正常水准面不平行改正数 ε 的计算见表 4-7。在表中，$\varphi_m = 24°18'$，$A = 1\ 153 \times 10^{-9}$，第一测段即 I 柳宝 35$_基$ 到 II 宜柳 1 水准测量路线始末点近似高程的平均值 H 为 $(425+445)$ /2 = 435,纬度差 $\Delta\varphi = -3'$，则第一测段的正常水准面不平行改正数：

$$\varepsilon_1 = -1\ 153 \times 10^{-9} \times 435 \times (3') = +1.5\ \text{mm}$$

表 4-7　正常水准面不平行改正与路线闭合差的计算

四等水准路线：自　　宜州　　至　　柳城

水准点编号	纬度 φ	观测高差 h/（′）	近似高程	平均高程 H	纬差 $\Delta\varphi$	$H \cdot \Delta\varphi$	正常水准面不平行改正 $\varepsilon = A \cdot H \cdot \Delta\varPhi$/mm	附记
	° ′				° ′			
I 柳宝 35$_基$	24.28	+20.345	425	435	−3	−1 305	+1.5	已知：
II 宜柳 1	25		445					I 柳宝 35$_基$
		+77.304		484	−3	−1 452	+1.7	高程为：
II 宜柳 2	22		523					424.876
		+55.577		550	−3	−1 650	+1.9	I 宜柳 I$_基$
II 宜柳 3	19		578					高程为：
		+73.451		615	−3	−1 845	+2.1	573.128 m

续表 4-7

水准点编号	纬度 φ	观测高差 $h/('）$	近似高程	平均高程 H	纬差 $\Delta\varphi$	$H\cdot\Delta\varphi$	正常水准面不平行改正 $\varepsilon=A\cdot H\cdot\Delta\Phi/\text{mm}$	附记
	° ′				° ′			
Ⅱ宜柳 4	16		652					
		+17.094		660	−2	−1 320	+1.5	
Ⅱ宜柳 5	14		669					
		+32.772		686	−3	−2 058	+2.4	
Ⅱ宜柳 6	11		702					
		+80.548		742	−2	−1 484	+1.7	
Ⅱ宜柳 7	9		782					
		+11.745		788	−1	−788	+0.9	
Ⅱ宜柳 8	8		794					
		−18.073		785	+1	+785	−0.9	
Ⅱ宜柳 9	9		776					
		−10.146		771	+1	+771	−0.9	
Ⅱ宜柳 10	10		766					
		−101.098		716	+1	+716	−0.8	
Ⅱ宜柳 11	11		665					
		−61.960		634	+2	+1 268	−1.5	
Ⅱ宜柳 12	13		603					
		−54.996		576	+2	+1 152	−1.3	
Ⅱ宜柳 13	15		548					
		+10.051		553	+2	+1 106	−1.3	
Ⅱ宜柳 14	17		558					
		+15.649		566	+3	+1 698	−2.0	
Ⅰ宜柳 1基	20		573					
							+0.5	

3. 水准路线闭合差计算

水准测量路线闭合差 W 的计算公式为:

$$W=(H_0-H_n)+\sum h'+\sum\varepsilon \tag{4-28}$$

式中, H_0 和 H_n 为水准测量路线两端点的已知高程; $\sum h'$ 为水准测量路线中各测段观测高差加入尺长改正数 δ_f 后的往返测高差中数之和; $\sum\varepsilon$ 为水准测量路线中各测段的正常水准面不平行改正数之和。根据表 4-7 和表 4-8 中的数据按 (4-28) 式计算水准路线的闭合差:

$$W=(424.876-573.128)\,\text{m}+148.256\,5\,\text{m}+5.0\,\text{mm}=9.5\,\text{m}$$

表 4-8　二等水准测量外业高差和概略高程计算

水准点号	测段编号	测段距离往测 R/km	测段距离返测 R/km	往返测距离中数 R/km	测站数往测 n	测站数返测 n	观测高差往测 h/m	观测高差返测 h/m	标尺长度改正数往测 δ/mm	标尺长度改正数返测 δ/mm	往返测高差不符值 Δ/mm	ΔΔ/R /mm	加δ后往返测高差中数 h/m	近似高程 H_0/m	平均高程 H_m/m	纬度 φ	纬差 Δφ/(′)	平均纬度 $φ_m$	水准面不平行改正数 ε/mm	加ε后往返测高差中数 h/m	高差改正数 v/mm	改正后高差 h/m	概略高程 H/m	备注
I柳宝35宜柳														424.8760		24°28′00″							424.8760	已知：I柳宝35高程为：424.876 m
	1	5.75	5.85	5.8	98	96	20.34442	−20.34628	−0.81	0.81	−1.86	0.6	20.3445		435.0483		−3.00	24°26′30″	1.5	20.3460	−0.69	20.3454		
II宜柳1														445.2205		24°25′00″							445.2214	
	2	5.61	5.59	5.6	100	98	77.30418	−77.30285	−3.09	3.09	1.33	0.3	77.3004		483.8707		−3.00	24°23′30″	1.7	77.3021	−0.67	77.3014		
II宜柳2														522.5210		24°22′00″							522.5228	
	3	4.98	5.02	5.0	74	72	55.57608	−55.57765	−2.22	2.22	−1.57	0.5	55.5746		550.3083		−3.00	24°20′30″	1.9	55.5766	−0.60	55.5760		
II宜柳3														578.0956		24°19′00″							578.0987	
	4	5.61	5.59	5.6	98	96	73.45018	−73.45180	−2.94	2.94	−1.62	0.5	73.4481		614.8196		−3.00	24°17′30″	2.1	73.4502	−0.67	73.4495		
II宜柳4														651.5437		24°16′00″							651.5483	
	5	5.41	5.39	5.4	94	94	17.09470	−17.09410	−0.68	0.68	0.60	0.1	17.0937		660.0905		−2.00	24°15′00″	1.5	17.0952	−0.65	17.0946		
II宜柳5														668.6374		24°14′00″							668.6428	
	6	5.71	5.69	5.7	82	80	32.77058	−32.77295	−1.31	1.31	−2.37	1.0	32.7705		685.0226		−3.00	24°12′30″	2.4	32.7728	−0.68	32.7721		
II宜柳6														701.4078		24°11′00″							701.4150	
	7	5.89	5.91	5.9	94	92	80.54852	−80.54705	−3.22	3.22	1.47	0.4	80.5446		741.6801		−2.00	24°10′00″	1.7	80.5463	−0.71	80.5456		
II宜柳7														781.9524		24°09′00″							781.9605	
	8	4.88	4.92	4.9	78	94	11.74528	−11.74502	−0.47	0.47	0.26	0.0	11.7447		787.8247		−1.00	24°08′30″	0.9	11.7456	−0.59	11.7450		
II宜柳8														793.6971		24°08′00″							793.7055	
	9	5.29	5.31	5.3	80	76	−18.07448	18.07182	0.72	−0.72	−2.66	1.3	−18.0724		784.6609		1.00	24°08′30″	−0.9	−18.0733	−0.63	−18.0740		
II宜柳9														775.6246		24°09′00″							775.6316	
	10	4.79	4.81	4.8	102	74	−10.14555	10.14612	0.41	−0.41	0.57	0.1	−10.1454		770.5519		1.00	24°09′30″	−0.9	−10.1463	−0.57	−10.1469		
II宜柳10														765.4792		24°10′00″							765.4847	
	11	5.57	5.63	5.6	96	93	−101.09735	101.09932	4.04	−4.04	1.97	0.7	−101.0943		714.9321		1.00	24°10′30″	−0.8	−101.0951	−0.67	−101.0958		
II宜柳11														664.3849		24°11′00″							664.3889	
	12	5.00	5.40	5.2	74	96	−61.95932	61.95985	2.48	−2.48	0.53	0.1	−61.9571		633.4064		2.00	24°12′00″	−1.5	−61.9586	−0.62	−61.9592		
II宜柳12														602.4278		24°13′00″							602.4297	
	13	4.67	4.73	4.7	102	72	−54.99660	54.99618	2.20	−2.20	−0.42	0.0	−54.9942		574.9307		2.00	24°14′00″	−1.3	−54.9955	−0.56	−54.9961		
II宜柳13														547.4336		24°15′00″							547.4336	
	14	5.89	5.91	5.9	94	98	10.05025	−10.05168	−0.40	0.40	−1.43	0.3	10.0506		552.4589		2.00	24°16′00″	−1.3	10.0493	−0.71	10.0486		
II宜柳14														557.4842		24°17′00″							557.4822	
	15	5.00	5.20	5.1	86	82	15.64822	−15.64972	−0.63	0.63	−1.50	0.4	15.6483		565.3061		3.00	24°18′30″	−2.0	15.6464	−0.61	15.6458		
I柳南1基														573.1280		24°20′00″							573.1280	I柳南1基高程为：573.128 m
Σ	15	80.05	80.95	80.5	1352	1313	148.25911	−148.26581				6.3	148.2565						5.1	148.2616		(检核)		

4. 高差改正数的计算

水准测量路线中每个测段的高差改正数可按式（4-29）计算，即：

$$v = -\frac{R}{\sum R}W \qquad\qquad (4\text{-}29)$$

即按水准测量路线闭合差 W 按测段长度 R 成正比的比例配赋于各测段的高差中。在表 4-8 中，水准测量路线的全长 $\sum R = 80.9$ km，第一测段的长度 $R = 5.8$ km，则第一测段的高差改正数为：

$$v = -\frac{5.8}{80.9} \times 9.5 = -0.69 \text{ mm}$$

最后根据已知点高程及改正后的高差计算水准点的概略高程，即：

$$H_i = H_{i-1} + h_{i-1,i} + \varepsilon_{i-1,i} + v_{i-1,i} \qquad\qquad (4\text{-}30)$$

即第 i 点的概略高程等于（$i-1$）点的高程加（$i-1$）点至 i 点的改正后的高差、正常水准面不平行改正及高差改正数。

例如，Ⅰ宜柳 1 概略高程的计算：

$$H_1 = 424\,876 + 20\,344.5 + 1.5 - 0.7 = 446\,221 \text{ mm}$$

二、水准网平差计算

水准网的平差计算工作可采用专用测绘数据处理软件完成，如南方测绘仪器公司开发的平差易、清华山维等。

如图 4-23 为一条四等附合水准路线，A，B 为已知点，2，3，4 为未知点，具体见表 4-9。下面为利用平差易进行平差的过程。

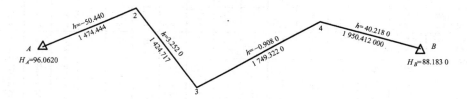

图 4-23　水准路线示意图

表 4-9　水准路线起算数据及观测数据

测站点	高差/m	距离/m	高程/m
A	−50.440	1 474.444 0	96.062 0
2	3.252	1 424.717 0	
3	−0.908	1 749.322 0	
4	40.218	1 950.412 0	
B			88.183 0

1. 控制网数据的录入

在平差易中输入以上数据，如图 4-24 所示。

导线水准-2.txt - PA2002
文件(F) 编辑(E) 平差(A) 成果(R) 窗口(W) 工具(T) 帮助(H)
序号 点名 属性 X(m) Y(m) H(m) 仪器高 偏心距
001 A 01 96.062000
002 B 01 88.183000
003 2 00
004 3 00
005 4 00
006
测站点： A
格式： (4)水准
序号 照准名 观测边长 高差
001 2 1474.444000 -50.440000
002
0 1547 3094
就绪
数字

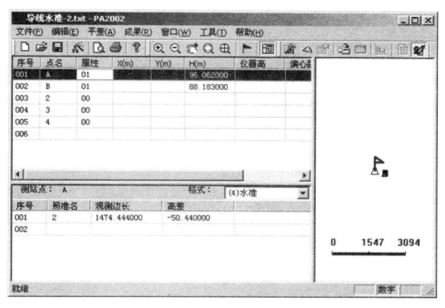

图 4-24　水准数据输入

在测站信息区中输入 *A*，*B*，2，3 和 4 号测站点，其中 *A*，*B* 为已知高程点，其属性为 01；2，3，4 点为待测高程点，其属性为 00，其他信息为空。因为没有平面坐标数据，故在平差易软件中没有网图显示。

根据控制网的类型选择数据输入格式，此控制网为水准网，选择水准格式，如图 4-25 所示。

测站点： A
格式： (4)水准

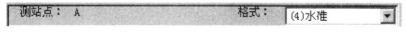

图 4-25　选择格式

注意：在一般水准的观测数据中输入了测段高差就必须要输入相对应的观测边长，否则平差计算时该测段的权为零，因此导致计算结果错误。

在观测信息区中输入每一组水准观测数据。测段 *A* 点至 2 号点的观测数据输入（观测边长为平距）如图 4-26 所示。

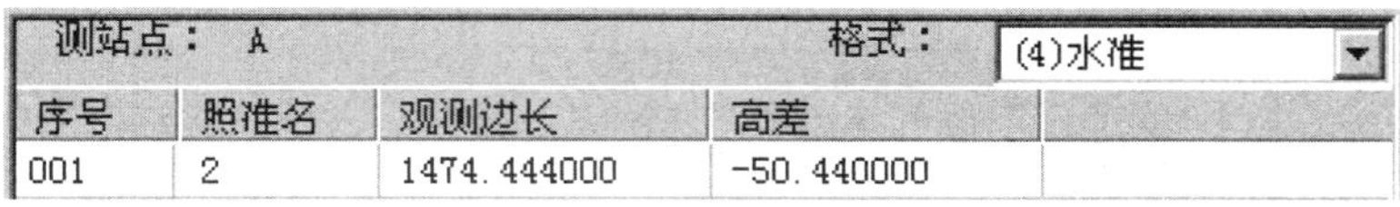

测站点： A
格式： (4)水准
序号 照准名 观测边长 高差
001 2 1474.444000 -50.440000

图 4-26　A—2 观测数据

将所有的测站信息及观测数据录入至软件中。数据输入完后，点击菜单“文件\另存为”，将输入的数据保存为平差易数据格式文件。

2. 近似坐标推算

测站信息和观测数据输入结束后，打开"平差（A）"菜单，点击坐标推算，完成近似高程推算。

3. 选择计算方案

打开"平差（A）"菜单，点击"计算方案"，进行计算方案设置，如图 4-27 所示。

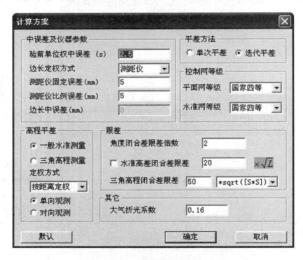

图 4-27　设置计算方案

注：① 在"计算方案"中要选择"一般水准"，而不是"三角高程"。"一般水准"所需要输入的观测数据为观测边长和高差；"三角高程"所需要输入的观测数据为观测边长、垂直角、站标高、仪器高。

② 在"控制网等级"中选择水准网等级：国家四等。

③ 在"限差"中，选择水准高差闭合差限差：$20\sqrt{L}$。

4. 闭合差计算与检查

打开"平差（A）"菜单，点击"闭合差计算"，计算水准网的闭合差，如图 4-28 所示。

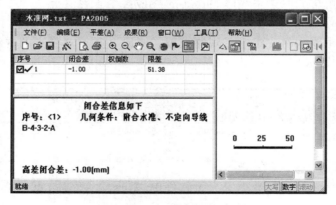

图 4-28　闭合差检核信息

本例中符合水准路线中只有一个符合条件，闭合差为 – 1 mm，限差为 51.38 mm。

5. 平差计算

打开"平差（A）"菜单，点击"平差计算"，并在测站信息区显示未知点最终平差高程，如图 4-29 所示。

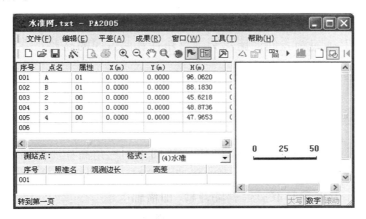

图 4-29 平差结果图

6. 平差报告的生成与输出

打开"窗口（W）"菜单，点击"平差报告"，系统生成平差报告，报告中包括控制网概况、误差统计报告等，如图 4-30 所示。

控 制 网 平 差 报 告

[控制网概况]

计算软件：南方平差易2005

网名：柳宝四等水准路线

计算日期：2014-12-01

观测人：王刚

记录人：陆兵

计算者：刘利

检查者：

测量单位：**市勘察测绘研究院

备注：

高程控制网等级：国家四等

已知高程点个数：2

未知高程点个数：3

每公里高差中误差 = 0.39 (mm)

最大高程中误差[3] = 0.35 (mm)

最小高程中误差[2] = 0.29 (mm)

平均高程中误差 = 0.32 (mm)

规范允许每公里高差中误差 = 10 (mm)

[边长统计] 总边长：6598.800(m)，平均边长：1649.700(m)，最小边长：1424.700(m)，最大边长：1950.400(m)

观测测段数：4

图 4-30 输出平差报告

任务七　电磁波测距高程导线测量

　　电磁波测距高程导线测量（以下称高程导线）就是在三角高程测量中，利用电磁波测距仪精确测量距离，从而获得高差的测量方式。在地形起伏大的山地、跨越河流沟谷等进行几何水准测量有困难地区可用高程导线代替四等及以下的水准测量。

　　三角高程测量是通过两点间的距离和垂直角计算两点间的高差。事实上，高程导线测量就是利用了三角高程测量的方法。

一、三角高程观测原理

　　如图 4-31 所示，今欲在地面上 A，B 两点之间采用三角高程测量的方法测定高差 h_{AB}，在 A 点安置仪器（对中、整平），在 B 点安置照准目标。仪器安置好后，用小钢卷尺量取望远镜旋转轴（即横轴）中心至地面点 A 的高度称为仪器高，记为 i；观测 A 至 B 的垂直角，用望远镜中的十字丝的横丝（水平中丝）照准 B 点目标的顶端时，则该目标立直（即 B 点目标的中心线与过 B 点处的铅垂线重合）后，用钢卷尺量取自其底端至其顶端的长度，称为目标高，记为 V。则 A，B 之间的高差为：

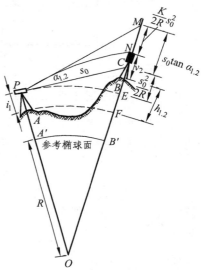

图 4-31　三角高程测量原理

$$h_{AB} = |BF| = |MC| + |CE| - |EF| - |MN| - |NB| \quad （4\text{-}31）$$

式中，EF 为仪器高 i_1；NB 为照准点标高 v_2；CE 为地球弯曲差，$|CE| = \dfrac{1}{2R}S_0^2$；$|MN|$ 为大气垂直折光差，$|MN| = \dfrac{K}{2R}S_0^2$。

　　由于水平距离 s_0 相对于地球半径 R 甚小，当 $s_0 = 10$ km 时，它所对的圆心角仅为 $5'$，故可认为 $\angle PCM \approx 90°$。因此，在直角三角形 PCM 中：

$$|MC| = S_0 \tan \alpha_{12}$$

将 CE，MN，MC 代入式（4-31）中得：

$$h_{12} = s_0 \tan \alpha_{12} + \frac{1-K}{2R}s_0^2 + i_1 - v_2 \qquad （4\text{-}32）$$

如果观测中距离采用电磁波测得的斜距 D，则高差为：

$$h_{12} = D \sin \alpha + \frac{1-K}{2R}D^2 \cos^2 \alpha + i - v \qquad （4\text{-}33）$$

式中，D 为经过各项改正以后的斜距；$\dfrac{1-K}{2R}D^2 \cos^2 \alpha$ 为大气垂直折光和地球弯曲差对高差的综合影响。

通常 K 值接近 0.1，对其高差计算的影响仅为地球曲率差的 1/10 左右，将其影响忽略，则式（4-33）可写成：

$$h_{12} = D\sin\alpha + \frac{D^2}{2R}\cos^2\alpha + i - v \qquad (4\text{-}34)$$

二、观测方法

高程导线测量可进行四等及以下高程控制测量，施测前应沿路线选定测站，视线长度一般不大于 700 m，视线垂直角一般不超过 15′，视线高度和离开障碍物的距离不得小于 1.5 m。

高程导线可布设成在每一个照准点安置仪器进行对向观测的路线，也可布设成每隔一个照准点安置仪器的路线。隔点设站时，应采用单程双测法，即每个测站变换仪器高度或位置进行两次观测。测量视线长度之差不得超过 100 m。

采用电磁波测距仪测距时，测距的准备工作、观测方法，作业要求，气象元素测定，成果记录及重测舍取，气象、加常数、乘常数及边长归算等可参阅项目二电磁波测距内容。

电磁波测距的技术要求和注意事项如下：

（1）斜距和垂直角要在成像清晰、信号稳定的情况下观测。

（2）斜距观测两测回（每测回照准一次，读四次数），各次读数互差和测回中数互差为 10 mm 和 15 mm，每测回均需量取气温、气压数值。

（3）垂直角采用中丝法观测四个测回，各量取一次仪器高和棱镜高，两次互差不得超过 3 mm。

（4）测距仪、反射棱镜应在测前、测后各量取一次仪器高和棱镜高，两次互差不得超过 3 mm。

（5）当进行对向观测有困难时可进行单向观测，但总的观测测回数不变。

各项观测度数和计算数值取位按表 4-10 执行。

表 4-10 观测读数和计算数值取位表

项 目	斜距 /mm	垂直角 / (″)	仪器高、觇标高 /mm	气温 /°C	气压 /Pa	测站高差 /mm	测段高差 /mm
观测值	1	1	1	0.1	100		
计算值	1	0.1	0.1			0.1	1

三、高差计算

观测斜距应加入乘常数、加常数以及气象改正。

测站高差计算步骤为：

（1）每点设站时，相邻测站间单向观测高差 h 按式（4-35）计算。相邻测站间对向观测的高差中数 h_{12} 为：

$$h_{12} = \frac{h_1 + h_2}{2} \qquad (4\text{-}35)$$

式中，下标 1，2 表示相邻测站的序号。

（2）隔点设站时，相邻照准点间的高差 h_{12} 为：

$$h_{12} = D_2 \sin \alpha_2 - D_1 \sin \alpha_1 + v_1 - v_2 + \frac{1}{2R}[(D_2 \cos \alpha_2)^2 - (D_1 \cos \alpha_1)^2] \qquad (4\text{-}36)$$

式中，下标 1，2 分别表示后视和前视标号；D_1，D_2 为经过各项改正后的斜距，单位为 m；α 为观测的垂直角；R 为地球平均曲率半径，采用 6 369 km；v 为反射棱镜中心至地面点高度，单位为 m。

四、测量限差

高程导线的观测结果应不超过表 4-11 规定的各项。

表 4-11　高程导线观测限差

观测方法	两测站对向观测高差不符合值	两照准点间两次观测高差不符合值	附和路线或环线闭合差	检测已测测段的高差之差
每点设站	$\pm 45\sqrt{D}$		与四等水准测量限差相同	
隔点设站		$\pm 14\sqrt{D}$		

注：D 为测站间或照准点间的观测水平距离，单位为 km。

观测结果超出限差时，应按规定进行重测或取舍。

项目小结

本项目介绍了精密水准测量仪器的结构特点及使用方法，探讨了影响精密水准测量的误差来源、影响规律及消除（削弱）措施，总结出精密水准测量的外业操作原则。本项目以精密水准网的建立过程为主线，以建立过程中的各项任务为驱动，介绍并实践了精密水准测量技术设计，精密水准测量的外业实施（包括精密水准点的选点、埋石，精密水准仪的检校，以及水准测量的外业观测），精密水准的内业计算，并以南方测绘仪器公司的平差易为例，介绍了水准网平差的过程与方法。最后介绍了电磁波测距高程导线测量的基本原理、实施的方法及数据处理等内容。

思考与练习题

1. 进行高程控制测量通常有哪几种方法？

2. 高程基准面指的是什么？如何确定？

3. 什么是水准原点？1985 国家高程基准是怎么建立的？

4. 精密水准仪的特点是什么？精密水准尺的特点是什么？

5. 精密水准尺的底面应满足什么技术要求？

6. 精密水准测量作业有哪些规定？

7. 试述精密水准测量中的各种误差来源有哪些？他们对精密水准测量有哪些影响？在实际作业中，采用什么措施来消除（削弱）这些误差的影响。

8. 大地测量上使用哪几种高程系统？说明各种高程系统的意义及相互关系。如何求地面上一点在各高程系统中的高程值？

9. 何谓标尺零点误差、一对标尺零点不等差、标尺基辅常数？

10. 水准测量作业时，一般要求采取下列措施：

（1）前后视距相等；

（2）按"后—前—前—后"程序操作；

（3）同一测站的前、后视方向不得两次调焦；

（4）旋转微倾斜螺旋及测微轮最后为"旋进"。

试述上述措施分别可以减弱哪些误差的影响？还有哪些主要误差不能由这些措施得到消除？

11. 精密水准测量外业计算时，应求出哪些高差改正数？

12. 水准面的不平行性是由于什么原因引起的?这种现象对水准测量会产生什么影响?

13. 何谓电磁波测距三角高程？研究这种方法有什么意义？

项目五　地面观测值归算至椭球面

▰ 项目提要

本项目主要介绍了地球椭球的概念，包括地球椭球的参数及相互关系、椭球曲率半径等，椭球面坐标系及其转换关系，地面观测值向球面归算等内容。

▰ 学习目标

1. 知识目标

知晓地球椭球参数及相互关系，了解常用的椭球曲率半径；知晓常用的椭球坐标系，了解它们之间的相互转换关系；掌握地面观测值归算的意义和要求；知晓垂线偏差改正、标高差改正、截面差改正的公式。

2. 技能目标

能够进行水平方向观测值的归算；能够进行地面距离观测值的归算。

3. 素质目标

具备应用测量规范对观测过程及成果进行质量控制的意识和基本素养；培养沟通交流、团队合作的意识；培养细致认真、实事求是的工作作风。

▰ 关键内容

1. 重点

地球椭球的概念、椭球参数、椭球曲率半径；椭球面常用坐标系及相互关系；地面观测值归算至椭球面的意义及基本要求。

2. 难点

将地面方向观测值归算至椭球面的方法；将电磁波测距观测值归算至椭球面的方法。

测量工作的外业是在复杂的非数学曲面——地球自然表面上进行的，为了测量计算的需要，选取近似于地球表面的数学曲面——椭球面作为测量计算的基准面。如何将地球表面上的控制网图形化算到平面上，就是投影所涉及的问题。为此，我们首先要了解椭球的基本情况，掌握椭球面上诸要素（点、线、面等）的几何特征及数学表示方法；其次要了解地面观测元素换算至椭球面的原理与方法，由于椭球面的数学性质比平面复杂得多，所以椭球面上的大地坐标计算比平面上的坐标计算也复杂得多。

任务一　地球椭球概述

测量工作主要是在地球表面上进行的，但其表面不是一个规则的曲面，无法实施数学计算。这就需要寻求一个大小和形状接近于地球形体的椭球体，在其表面完成计算过程。用椭球体取代地球必须解决两个问题：一是椭球参数的选择；二是将椭球与地球的相关位置确定下来，即椭球的定位。

一、椭球的几何参数及其关系

地球的形状最接近于一个旋转椭球体，它是一个椭圆绕短轴旋转而成的几何形体，我们称它为地球椭球，简称椭球。它的形状和大小是由它的几何参数所确定的。

地球椭球：在控制测量中，用来代表地球的椭球，它是地球的数学模型，如图 5-1 所示。

参考椭球：具有一定几何参数、定位及定向的用以代表某一地区大地水准面的地球椭球。地面上一切观测元素都应归算到参考椭球面上，并在这个面上进行计算。参考椭球面是大地测量计算的基准面，同时又是研究地球形状和地图投影的参考面。

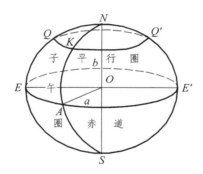

图 5-1　地球椭球

地球椭球的几何定义：O 是椭球中心，NS 为旋转轴，a 为长半轴，b 为短半轴。

子午圈：包含旋转轴的平面与椭球面相截所得的椭圆。

纬圈：垂直于旋转轴的平面与椭球面相截所得的圆，也叫平行圈。

赤道：通过椭球中心的平行圈。

地球椭球的五个基本几何参数：

椭圆的长半轴 a

椭圆的短半轴 b

椭圆的扁率

$$\alpha = \frac{a-b}{a} \qquad (5-1)$$

椭圆的第一偏心率

$$e = \frac{\sqrt{a^2 - b^2}}{a}$$

（5-2）

椭圆的第二偏心率

$$e' = \frac{\sqrt{a^2 - b^2}}{b}$$

（5-3）

其中，a，b 称为长度元素；扁率 α 反映了椭球体的扁平程度。偏心率 e 和 e' 是子午椭圆的焦点离开中心的距离与椭圆半径之比，它们也反映椭球体的扁平程度，偏心率愈大，椭球愈扁。

两个常用的辅助函数，W 为第一基本纬度函数，V 为第二基本纬度函数：

$$\left.\begin{array}{l} W = \sqrt{1 - e^2 \sin^2 B} \\ V = \sqrt{1 + e'^2 \cos^2 B} \end{array}\right\}$$

（5-4）

我国建立 1954 年北京坐标系应用的是克拉索夫斯基椭球；建立 1980 年国家大地坐标系应用的是 1975 年国际椭球；而全球定位系统（GPS）应用的是 WGS-84 系椭球参数，几种椭球的参数见表 5-1。

表 5-1　几种常见的椭球体参数值

	克拉索夫斯基椭球体	1975 年国际椭球体	WGS-84 椭球体
a	6 378 245.000 000 000 0（m）	6 378 140.000 000 000 0（m）	6 378 137.000 000 000 0（m）
b	6 356 863.018 773 047 3（m）	6 356 755.288 157 528 7（m）	6 356 752.314 2（m）
c	6 399 698.901 782 711 0（m）	6 399 596.651 988 010 5（m）	6 399 593.625 8（m）
α	1/298.3	1/298.257	1/298.257 223 563
e^2	0.006 693 421 622 966	0.006 694 384 999 588	0.006 694 379 901 3
e'^2	0.006 738 525 414 683	0.006 739 501 819 473	0.006 739 496 742 27

二、椭球面上的曲率半径

过椭球面上任意一点可作一条垂直于椭球面的法线，包含这条法线的平面叫做法截面，法截面同椭球面的交线叫法截线（或法截弧）。包含椭球面一点的法线，可作无数多个法截面，相应有无数多个法截线。不同于球面上的法截线曲率半径都等于圆球的半径，椭球面上不同方向的法截弧的曲率半径都不相同。

1. 子午圈曲率半径

在子午椭圆的一部分上取一微分弧长 $DK = \mathrm{d}s$，相应地有坐标增量 $\mathrm{d}x$，点 n 是微分弧 $\mathrm{d}S$ 的曲率中心，于是线段 Dn 及 Kn 便是子午圈曲率半径 M。

任意平面曲线的曲率半径的定义公式为：

$$M = \frac{\mathrm{d}S}{\mathrm{d}B}$$

子午圈曲率半径公式为：

$$M = \frac{a(1-e^2)}{W^3}$$

$$M = \frac{c}{V^3} \quad 或 \quad M = \frac{N}{V^2} \tag{5-5}$$

M 与纬度 B 有关，它随 B 的增大而增大，变化规律见表 5-2。

表 5-2　子午圈曲率半径和纬度的关系

B	M	说　明
$B = 0°$	$M_0 = a(1-e^2) = \dfrac{c}{\sqrt{(1+e'^2)^3}}$	在赤道上，M 小于赤道半径 a
$0° < B < 90°$	$a(1-e^2) < M < c$	此间 M 随纬度的增大而增大
$B = 90°$	$M_{90} = \dfrac{a}{\sqrt{1-e^2}} = c$	在极点上，M 等于极点曲率半径 c

2. 卯酉圈曲率半径

过椭球面上一点的法线，可作无限个法截面，其中一个与该点子午面相垂直的法截面同椭球面相截形成的闭合的圈称为卯酉圈。在图 5-2 中 PEE' 即为过 P 点的卯酉圈。卯酉圈的曲率半径用 N 表示。

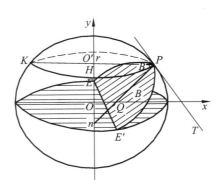

图 5-2　卯酉圈曲面半径

为了推导 N 的表达计算式，过 P 点作以 O' 为中心的平行圈 PHK 的切线 PT，该切线位于垂直于子午面的平行圈平面内。因卯酉圈也垂直于子午面，故 PT 也是卯酉圈在 P 点处的切线。即 PT 垂直于 Pn。所以 PT 是平行圈 PHK 及卯酉圈 PEE' 在 P 点处的公切线。

值得注意的是，卯酉圈和平行圈是有严格区别的。因为平行圈不是一条法截线，其平面并不包含法线。不包含法线的平面与椭球面的截线称为斜截线，平行圈就是一条重要的斜截线。

虽然卯酉圈是一条法截线，平行圈是一条斜截线，但它们却有公共的切线，这是因为二者的切线皆位于椭球面过 P 点的切平面上，皆垂直于子午线在 P 点的切线。

卯酉圈曲率半径可用式（5-6）表示：

$$\left.\begin{array}{l} N = \dfrac{a}{W} \\[3mm] N = \dfrac{c}{V} \end{array}\right\} \tag{5-6}$$

3. 任意法截弧的曲率半径

通常在椭球面上进行测量工作的方向是任意的，为了准确地对测量成果进行换算，就必须知道测量方向上的椭球法线曲率半径。

子午法截弧是南北方向，其方位角为 0° 或 180°。卯酉法截弧是东西方向，其方位角为 90° 或 270°。现在来讨论方位角为 A 的任意法截弧的曲率半径 R_A 的计算公式。

任意方向 A 的法截弧的曲率半径的计算公式如下：

$$R_A = \frac{N}{1 + \eta^2 \cos^2 A} = \frac{N}{1 + e'^2 \cos^2 B \cos^2 A} \tag{5-7}$$

4. 平均曲率半径

在实际工程应用中，根据测量工作的精度要求，在一定范围内，把椭球面当成具有适当半径的球面。取过地面某点的所有方向 R_A 的平均值作为这个球体的半径是合适的。这个球面的半径——平均曲率半径 R：

$$R = \sqrt{MN} \tag{5-8}$$

或

$$R = \frac{b}{W^2} = \frac{c}{V^2} = \frac{N}{V} = \frac{a}{W^2}\sqrt{(1-e^2)} \tag{5-9}$$

因此，椭球面上任意一点的平均曲率半径 R 等于该点子午圈曲率半径 M 和卯酉圈曲率半径 N 的几何平均值。

5. 大地线

椭球面上两点间的最短程曲线叫做大地线。在微分几何中，大地线（又称测地线）另有这样的定义：大地线上每点的密切面（无限接近的三个点构成的平面）都包含该点的曲面法线，亦即：大地线上各点的主法线与该点的曲面法线重合。因曲面法线互不相交，故大地线是一条空间曲面曲线，如图 5-3 所示。

假如在椭球模型表面 A, B 两点之间,画出相对法截线如图 5-3 所示,然后在 A, B 两点上各插定一个大头针,并紧贴着椭球面在大头针中间拉紧一条细橡皮筋,并设橡皮筋和椭球面之间没有摩擦力,则橡皮筋形成一条曲线,恰好位于相对法截线之间,这就是一条大地线。由于橡皮筋处于拉力之下,所以它实际上是两点间的最短线。

在椭球面上进行测量计算时,应当以两点间的大地线为依据。在地面上测得的方向、距离等,应当归算成相应大地线的方向、距离。

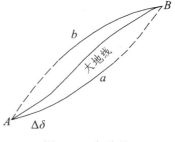

图 5-3　大地线

三、椭球的定位

我们已经知道,野外测量是以测站点的铅垂线作为基准线,以大地水准面作为基准面,地面点沿铅垂线投影在该基准面上的位置,称为该点的天文坐标。该坐标用天文经纬度(λ, ϕ)表示。以参考椭球面为基准面,地面点沿椭球面的法线投影在该基准面上的位置,称为该点的大地坐标。该坐标用大地经纬度(L, B)表示。地面点的天文经纬度是通过天文观测获得的,其依据是铅垂线;椭球面上点的大地经纬度是通过计算获得的,其依据是椭球面法线。所以,通过比较同一点的天文和大地经纬度,推算出垂线偏差公式以及天文方位角和大地方位角的关系式,就可以求出点的垂线偏差和大地方位角,同时也便于讨论椭球的定位。

椭球的定位就是将具有一定参数的椭球与大地体的相关位置确定下来,从而确定出测量计算基准面的具体位置和大地测量起算的具体数据。椭球定位一般都是通过大地原点的天文观测来实现的。因所采用的椭球不同,所依据的基准不同,椭球定位方法也有所不同。

常规做法是,首先选定某一适宜的点 K 作为大地原点,在该点上实施精密的天文测量和高程测量,由此得到该点的天文经纬度(λ_K, ϕ_K),至某一相邻点的天文方位角 α_K 和正高 $H_{正K}$,带入式(5-10)即可推算出大地测量的起算数据:

$$\left.\begin{aligned} L_K &= \lambda_K - \eta_K \sec \varphi_K \\ B_K &= \varphi_K - \xi_K \\ A_K &= \alpha_K - \eta_K \tan \varphi_K \\ H_{正} &= H_{正K} + N_K \end{aligned}\right\} \tag{5-10}$$

式中, ξ_K, η_K 分别为大地原点垂线偏差的子午圈分量、卯酉圈分量; N_K 为大地原点的大地水准面差距。当这些椭球参数确定后,大地测量的起算数据也就随之确定。

参考椭球定位方法可分为一点定位和多点定位。

1. 一点定位

在天文大地测量工作初期,由于缺乏必要的资料确定 ξ_K, η_K, N_K 的值,通常只能简单地取:

$$\xi_K = 0 , \quad \eta_K = 0 , \quad N_K = 0 , \quad H_{正} = H_{正K} \qquad (5\text{-}11)$$

即表明在大地原点 K 处，椭球的法线方向和铅垂线方向重合，椭球面和大地水准面相切。此时，由（5-10）式可得：

$$\left.\begin{array}{l} L_K = \lambda_K \\ B_K = \varphi_K \\ A_K = \alpha_K \\ H_{正} = H_{正K} \end{array}\right\} \qquad (5\text{-}12)$$

因此，仅仅根据大地原点的天文观测和高程观测结果，顾及式（5-10），（5-11），按（5-12）式即可确定椭球的定位和定向，这就是一点定位的方法。

2. 多点定位

一点定位的结果在较大范围内往往难以使椭球面与大地水准面有较好的密合。所以，在国家或地区的天文大地测量工作进行到一定的时候或基本完成后，利用许多拉普拉斯点（即测定了天文经度、天文纬度和天文方位角的大地点）的测量成果和已有的椭球参数，按照广义弧度测量方程，按 $\sum N^2 = $ 最小（或 $\sum \xi^2 = $ 最小）这一条件，通过计算进行新的定位和定向，从而建立新的参心大地坐标系。按这种方法进行参考椭球的定位和定向，由于包含了许多拉普拉斯点，因此通常称为多点定位法。

多点定位的结果使椭球面在大地原点不再同大地水准面相切，但在所使用的天文大地网资料的范围内，椭球面与大地水准面有最佳的密合。

任务二　椭球面上的常用坐标系及相互转换

一、椭球面上常用坐标系

为了表示椭球面上的位置，必须建立相应的坐标系。下面将介绍几种常用的坐标系统，它们在实际应用以及理论研究中具有重要的意义。

1. 大地坐标系

如图 5-4 所示，P 点的子午面 NPS 与起始子午面 NGS 所构成的二面角 L，叫做 P 点的大地经度，由起始子午面起算，向东为正，叫东经（0°～180°），向西为负，叫西经（0°～180°）。P 点的法线 P_n 与赤道面的夹角 B，叫做 P 点的大地纬度。由赤道面起算，向北为正，叫北纬（0°～90°）；向南为负，叫南纬（0°～90°）。

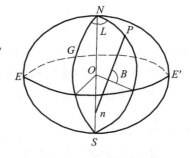

图 5-4　大地坐标系

大地坐标系是用大地经度 L、大地纬度 B 和大地高 H 表示地面点位的。从地面点 P 沿椭球法线到椭球面的距离叫大地高。大地坐标坐标系中，P 点的位置用（L,B）表示。如果点不在椭球面上，表示点的位置除（L,B）外，还要附加另一参数—大地高 H，它同正常高 $H_{正常}$ 及正高 $H_{正}$ 有如下关系：

$$\left.\begin{array}{l} H = H_{正常} + \zeta（高程异常） \\ H = H_{正} + N（大地水准面差距） \end{array}\right\} \qquad （5\text{-}13）$$

2. 空间直角坐标系

如图 5-5 所示，以椭球体中心 O 为原点，起始子午面与赤道面交线为 X 轴，在赤道面上与 X 轴正交的方向为 Y 轴，椭球体的旋转轴为 Z 轴，构成右手坐标系 $O\text{-}XYZ$，在该坐标系中，P 点的位置用 (X,Y,Z) 表示。

地球空间直角坐标系的坐标原点位于地球质心（地心坐标系）或参考椭球中心（参心坐标系），Z 轴指向地球北极，X 轴指向起始子午面与地球赤道的交点，Y 轴垂直于 XOZ 面并构成右手坐标系。

3. 子午面直角坐标系

如图 5-6 所示，设 P 点的大地经度为 L，在过 P 点的子午面上，以子午圈椭圆中心为原点，建立 x,y 平面直角坐标系。在该坐标系中，P 点的位置用（L,x,y）表示。

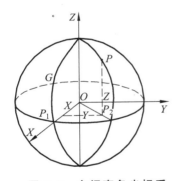

图 5-5 空间直角坐标系

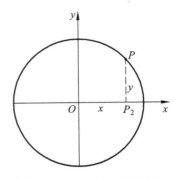

图 5-6 子午面直角坐标系

4. 大地极坐标系

如图 5-7 所示，M 为椭球体面上任意一点，MN 为过 M 点的子午线，S 为连结 MP 的大地线长，A 为大地线在 M 点的方位角。以 M 为极点，MN 为极轴，S 为极半径，A 为极角，这样就构成大地极坐标系。在该坐标系中 P 点的位置用（S,A）表示。

椭球面上点的极坐标（S,A）与大地坐标（L,B）可以互相换算，这种换算叫做大地主题解算。

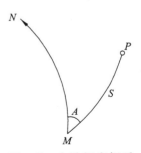

图 5-7 大地极坐标系

二、各坐标系间的关系

椭球面上的点位可在各种坐标系中表示，由于所用坐标系不同，表现出来的坐标值也不同。

1. 子午面直角坐标系同大地坐标系的关系

如图 5-8 所示，过 P 点作法线 P_n，它与 x 轴之夹角为 B，过 P 点作子午圈的切线 TP，它与 x 轴的夹角为（$90° + B$）。子午面直角坐标（x,y）同大地纬度 B 的关系式如下：

$$\left.\begin{array}{l} x = \dfrac{a\cos B}{\sqrt{1-e^2\sin^2 B}} = \dfrac{a\cos B}{W} \\[4mm] y = \dfrac{a(1-e^2)\sin B}{\sqrt{1-e^2\sin^2 B}} = \dfrac{a}{W}(1-e^2)\sin B = \dfrac{b\sin B}{V} \end{array}\right\} \qquad （5\text{-}14）$$

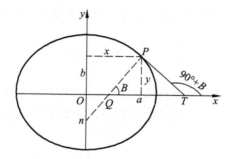

图 5-8　子午面直角坐标系与大地坐标系的关系

2. 空间直角坐标系同子午面直角坐标系的关系

空间直角坐标系中的 P_2P 相当于子午平面直角坐标系中的 y，前者的 OP_2 相当于后者的 x，并且二者的经度 L 相同。关系如下：

$$\left.\begin{array}{l} X = x\cos L \\ Y = x\sin L \\ Z = y \end{array}\right\} \qquad （5\text{-}15）$$

3. 空间直角坐标系同大地坐标系的关系

如图 5-9 所示，同一地面点在地球空间直角坐标系中的坐标和在大地坐标系中的坐标可用公式（5-16），（5-17）转换：

$$\left.\begin{array}{l} x = (N+H)\cos B\cos L \\ y = (N+H)\cos B\sin L \\ z = \left[N(1-e^2)+H\right]\sin B \end{array}\right\} \qquad （5\text{-}16）$$

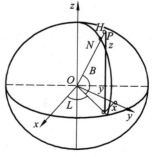

图 5-9　空间直角坐标系与大地坐标系的关系

$$
\left.
\begin{array}{l}
L = \arctan \dfrac{y}{x} \\[3mm]
B = \arctan \dfrac{z + Ne^2 \sin B}{\sqrt{x^2 + y^2}} \\[3mm]
H = \dfrac{z}{\sin B} - N(1 - e^2)
\end{array}
\right\}
\qquad (5\text{-}17)
$$

式中，e 为子午椭圆第一偏心率，可由长短半径按式 $e^2 = (a^2 - b^2)/a^2$ 算得。N 为法线长度，可由式 $N = a/\sqrt{1 - e^2 \sin^2 B}$ 算得。

任务三　地面观测值向椭球面的归算

参考椭球面是测量计算的基准面。在野外的各种测量都是在地面上进行的，观测的基准线不是各点相应的椭球面的法线，而是各点的垂线，各点的垂线与法线存在着垂线偏差。因此不能直接在地面上处理观测成果，而应将地面观测元素（包括方向和距离等）归算至椭球面。在归算中有两条基本要求：（1）以椭球面的法线为基准；（2）将地面观测元素化为椭球面上大地线的相应元素。

一、将地面观测的水平方向归算至椭球面

将地面观测方向归算至椭球面，有 3 个基本内容：一是将以测站点铅垂线为基准的地面观测方向换算成椭球面上以法线为准的观测方向；二是将照准点沿法线投影至椭球面，换算成椭球面上两点间的法截线方向；三是将椭球面上的法线方向换算成大地线方向。

1. 垂线偏差改正 δ_u

地面上所有水平方向的观测都是以垂线为根据的，而在椭球面上则要求以该点的法线为依据。把以垂线为依据的地面观测的水平方向值归算到以法线为依据的方向值而应加的改正定义为垂线偏差改正，以 δ_u 表示。

如图 5-10 所示，以测站 A 为中心做出单位半径的辅助球，u 是垂线偏差，它在子午圈和卯酉圈上的分量分别以 ξ, η 表示，M 是地面观测目标 m 在球面上的投影。

垂线偏差改正的计算公式：

$$
\begin{aligned}
\delta_u'' &= -(\xi'' \sin A_m - \eta'' \cos A_m) \cot Z_1 \\
&= -(\xi'' \sin A_m - \eta'' \cos A_m) \tan \alpha_1
\end{aligned}
\qquad (5\text{-}18)
$$

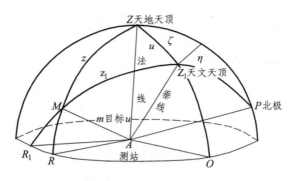

图 5-10　垂线偏差改正

式中，$\xi\eta$ 为测站点上的垂线偏差在子午圈及卯酉圈上的分量，它们可在测区的垂线偏差分量图中内插取得；A_m 为测站点至照准点的大地方位角；Z_1 为照准点的天顶距；α_1 为照准点的垂直角。

垂线偏差改正的数值主要与测站点的垂线偏差和观测方向的天顶距（或垂直角）有关。

2. 标高差改正 δ_h

标高差改正又称由照准点高度而引起的改正。不在同一子午面或同一平行圈上的两点的法线是不共面的。当进行水平方向观测时，如果照准点高出椭球面某一高度，则照准面就不能通过照准点的法线同椭球面的交点，由此引起的方向偏差的改正叫做标高差改正，以 δ_h 表示。

如图 5-11 所示，A 为测站点，如果测站点观测值已加垂线偏差改正，则可认为垂线同法线一致。这时测站点在椭球面上或者高出椭球面某一高度，对水平方向是没有影响的。这是因为测站点法线不变，则通过某一照准点只能有一个法截面。

设照准点高出椭球面的高程为 H_2，An_a 和 Bn_b 分别为 A 点及 B 点的法线，B 点法线与椭球面的交点为 b。因为通常

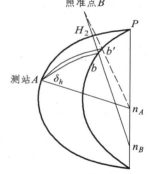

图 5-11　标高差改正

An_a 和 Bn_b 不在同一平面内，所以在 A 点照准 B 点得出的法截线是 Ab' 而不是 Ab，因而产生了 Ab 同 Ab' 方向的差异。按归算的要求，地面各点都应沿自己法线方向投影到椭球面上，即需要的是 Ab 方向值而不是 Ab' 方向值，因此需加入标高差改正数 δ_h，以便将 Ab' 方向改到 Ab 方向。

标高差改正的计算公式：

$$\delta_h'' = \frac{e^2}{2} H_2(1)_2 \cos^2 B_2 \sin 2A_1 \qquad (5\text{-}19)$$

式中，B_2 为照准点大地纬度；A_1 为测站点至照准点的大地方位角；$(1)_2 = \rho''/M_2$，M_2 是与

照准点纬度 B_2 相应的子午圈曲率半径；H_2 为照准点高出椭球面的高程，它由 3 部分组成：

$$H_2 = H_常 + \zeta + a \tag{5-20}$$

其中，$H_常$ 为照准点标石中心的正常高，ζ 为高程异常，a 为照准点的觇标高。

标高差改正主要与照准点的高程有关。经过此项改正后，便将地面观测的水平方向值归化为椭球面上相应的法截弧方向。

3. 截面差改正 δ_g

在椭球面上，纬度不同的两点由于其法线不共面，所以在对向观测时相对法截弧不重合，应当用两点间的大地线代替相对法截弧。这样将法截弧方向化为大地线方向应加的改正叫截面差改正，用 δ_g 表示。

如图 5-12 所示，AaB 是 A 至 B 的法截弧，它在 A 点处的大地方位角为 A_1'，ASB 是 AB 间的大地线，它在 A 点的大地方位角是 A_1，A_1 与 A_1' 之差 δ_g 就是截面差改正。

截面差改正的计算公式为：

$$\delta_g'' = -\frac{e^2}{12\rho''} S^2 (2)_1^2 \cos^2 B_1 \sin 2A_1 \tag{5-21}$$

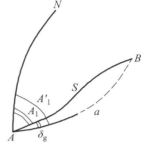

图 5-12　截面差改正

式中，S 为 AB 间大地线长度，$(2)_1 = \dfrac{\rho''}{N_1}$，$N_1$ 为测站点纬度 B_1 相对应的卯酉圈曲率半径。一般情况下，一等三角测量应加三差改正，二等三角测量应加垂线偏差改正和标高差改正，而不加截面差改正；三等和四等三角测量可不加三差改正。但当 $\xi = \eta > 10''$ 时或者 $H > 2\,000$ m 时，则应分别考虑加垂线偏差改正和标高差改正。在特殊情况下，应该根据测区的实际情况作具体分析，然后再做决定，见表 5-3。

表 5-3　三差改正

三差改正	主要关系量	是否要加改正		
		一等	二等	三、四等
垂线偏差	ξ, η	加	加	酌情
标高差	H		加	酌情
截面差	S		不加	

二、电磁波测距边长归算椭球面

电磁波测距仪测得的长度是连接地面两点间的直线斜距，也应将它归算到参考椭球面上。如图 5-13 所示，大地点 Q_1 和 Q_2 的大地高分别为 H_1 和 H_2。其间用电磁波测距仪测得的斜距为 D，现要求大地点在椭球面上沿法线的投影点 Q_1' 和 Q_2' 间的大地线的长度 S。

在工程测量中边长一般都是几千米，最长也不过十几千米，因此，所求的大地线的长度可以认为是半径相应的圆弧长，R_A 由式（5-22）计算：

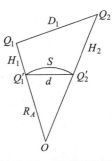

$$R_A = \frac{N}{1 + e'^2 \cos^2 B_1 \cos^2 A_1} \qquad (5\text{-}22)$$

电磁波测距边长归算椭球面上的计算公式为：

$$S = D - \frac{1}{2}\frac{\Delta h^2}{D} - D\frac{H_m}{R_A} + \frac{D^3}{24R_A^2} \qquad (5\text{-}23)$$

图 5-13　电磁波测距边长归算至椭球面

式中，$H_m = \frac{1}{2}(H_1 + H_2)$。

电磁波测距边长归算的几何意义为：

（1）计算公式中右端第 2 项是由于控制点之高差引起的倾斜改正的主项，经过此项改正，测线已变成平距；

（2）第 3 项是由平均测线高出参考椭球面而引起的投影改正，经此项改正后，测线已变成弦线；

（3）第 4 项则是由弦长改化为弧长的改正项。

电磁波测距边长归算至椭球面上的计算公式还可用式（5-24）表达：

$$S = \sqrt{D^2 - \Delta h^2}\left(1 - \frac{H_m}{R_A}\right) + \frac{D^3}{24R_A^2} \qquad (5\text{-}24)$$

显然第一项即为经高差改正后的平距。

项目小结

控制测量的外业工作是在不规则的地表上完成的，为了计算需要，需将其归算到椭球面。本项目主要介绍了将地面观测值向参考椭球面的过程与方法，主要包括：地球椭球的概念、参数及常用的曲率半径，椭球面上常用坐标系，地面观测值（水平方向和距离）向椭球面归算的方法及过程。

思考与练习题

1. 什么叫地球椭球？为了确定地球椭球的形状，需要知道哪些参数？

2. 野外测量的基准面、基准线各是什么？计算的基准面、基准线各是什么？

3．我国在新中国成立后主要采用哪两种参考椭球?其主要参数是什么?

4．常用的球面坐标系有哪些?

5．名词解释：

（1）大地经度；（2）大地纬度；（3）大地坐标系；（4）子午圈；（5）平行圈、赤道；（6）卯酉圈；（7）大地水准面；（8）大地线；（9）地球椭球；（10）垂线偏差改正；（11）大地极坐标系；（12）扁率。

6．卯酉圈曲率半径 N 与子午圈曲率半径 M 何时有最大值？何时有最小值？

7．何谓椭球面上的相对法截线和大地线？试鉴别下列各线是否为大地线并简要说明理由：

（1）任意方向法截线；（2）子午圈；（3）卯酉圈；（4）平行圈。

8．什么叫大地线？为什么可以用大地线代替法截线？大地线具有什么性质？

9．试述三差改正的几何意义。为什么有时在三角测量工作中可以不考虑三差改正？

项目六　椭球面上元素归算至高斯平面

■ 项目提要

　　本章介绍从椭球面大地坐标系到高斯平面直角坐标系的正形投影过程；研究如何将大地坐标、大地线长度和方向以及大地方位角等向平面转化的问题；重点讲述高斯投影的原理和方法，解决由球面到平面的相互换算问题，解决相邻带的坐标换算；讨论在工程应用中，工程测量投影面与投影带选择方法等。

■ 学习目标

　　1. 知识目标

　　理解地图投影的概念及正形投影的条件与特点；掌握高斯分带与投影的方法；掌握地面观测值归算的意义和要求；知晓工程测量投影面与投影带的选择过程。

　　2. 技能目标

　　能够应用高斯正算与反算公式，解决高斯平面直角坐标与大地坐标的相互转换问题；能够解决高斯投影的邻带换算问题；能够进行椭球面上观测成果（水平方向、距离）归化到高斯平面上的计算。

　　3. 素质目标

　　具备应用测量规范对观测过程及成果进行质量控制的意识和基本素养；培养沟通交流、团队合作的意识；培养细致认真、实事求是的工作作风。

■ 关键内容

　　1. 重点

　　高斯投影的概念与特点；椭球面上的控制网化算到高斯投影面的方法；工程测量中投影方法及工程坐标系的建立。

　　2. 难点

　　高斯投影的坐标正算和反算；方向改化和距离改化计算；高斯投影带的换算与应用。

　　通过项目五的学习，已将地面观测值规化到椭球面上，得到了椭球面上的大地坐标（L，B），大地线长 S，大地方位角 A，但是这些量都是基于椭球面的。控制测量的作用之一是测定地面点坐标以控制地形测图。由于图面是平面，作为控制测图的坐标必须是平面坐标。一方面，一个是平面坐标系统，一个是球面坐标系统，两个系统难以相互匹配；另一方面，虽然参考椭球面是个规则的数学曲面，可以精确表达，但在它上面进行测量的计算依然相当复杂。如果按照一定的投影规律，先将椭球面上的起算元素和观测元素化算成相应的平面元素，然后在平面上进行各种计算就简单多了。因此，需要把球面上的观测值投影到平面上。

任务一　高斯投影概述

一、投影与变形

1. 概　念

地图投影：就是将椭球面各元素（包括坐标、方向和长度）按一定的数学法则投影到平面上。研究这个问题的专门学科叫地图投影学。可用式（6-1）（坐标投影公式）表示：

$$\left.\begin{array}{l} x = F_1(L,B) \\ y = F_2(L,B) \end{array}\right\} \qquad (6\text{-}1)$$

式中，(L,B) 是椭球面上某点的大地坐标，而 (x,y) 是该点投影后的平面直角坐标。

投影变形：椭球面是一个凸起的、不可展平的曲面。将这个曲面上的元素（距离、角度、图形）投影到平面上，就会和原来的距离、角度、图形呈现差异，这一差异称为投影变形。

2. 投影变形的形式

主要有角度变形、长度变形和面积变形。

3. 地图投影的方式

（1）等角投影：投影前后的角度相等，但长度和面积有变形；

（2）等距投影：投影前后的长度相等，但角度和面积有变形；

（3）等积投影：投影前后的面积相等，但角度和长度有变形。

二、控制测量对地图投影的要求

（1）应采用等角投影（又称为正形投影）。采用正形投影时，在三角测量中大量的角度观测元素在投影前后保持不变；在测制地图时，采用等角投影可以保证在有限的范围内使得地图上图形同椭球上原形保持相似。

（2）在采用的正形投影中，要求长度和面积变形不大，并能够应用简单公式计算由于这些变形而带来的改正数。

（3）能按分带投影。

三、高斯投影

1. 基本概念

如图 6-1 所示，假想有一个椭圆柱面横套在地球椭球体外面，并与某一条子午线（此子午线称为中央子午线或轴子午线）相切，椭圆柱的中心轴通过椭球体中心，然后用一定投影方法，将中央子午线两侧各一定经差范围内的地区投影到椭圆柱面上，再将此柱面展开即成为投影面，如图 6-2 所示，此投影为高斯投影。高斯投影是正形投影的一种。

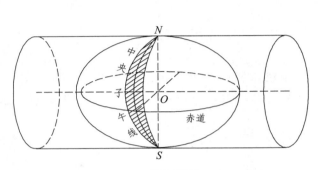

图 6-1　高斯投影

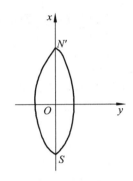

图 6-2　投影面

2. 分带投影

高斯投影 6° 带：自 0° 子午线起每隔经差 6° 自西向东分带，依次编号 1, 2, 3, …。我国 6° 带中央子午线的经度，由 75° 起每隔 6° 而至 135°，共计 11 带（13～23 带），带号用 n 表示，中央子午线的经度用 L_0 表示，它们的关系是 $L_0 = 6n - 3$，如图 6-3 所示。

高斯投影 3° 带：它的中央子午线一部分同 6° 带中央子午线重合，一部分同 6° 带的分界子午线重合，如用 n' 表示 3° 带的带号，L 表示 3° 带中央子午线经度，它们的关系为 $L = 3n'$，如图 6-3 所示。我国 3° 带共计 22 带（24～45 带）。

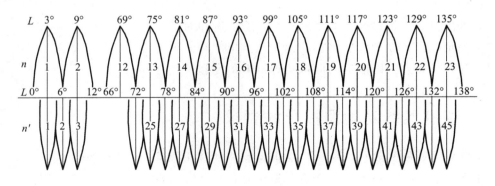

图 6-3　高斯分带投影

3. 高斯平面直角坐标系

在投影面上,中央子午线和赤道的投影都是直线,并且以中央子午线和赤道的交点 O 作为坐标原点，以中央子午线的投影为纵坐标 x 轴，以赤道的投影为横坐标 y 轴，如图 6-4 所示。

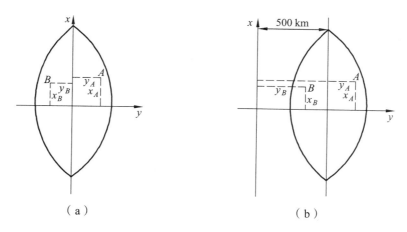

（a）　　　　　　　　　　　　　　（b）

图 6-4　高斯平面直角坐标系

在我国 x 坐标都是正的，y 坐标的最大值（在赤道上）约为 330 km。为了避免出现负的横坐标，可在横坐标上加上 500 000 m。此外还应在坐标前面再冠以带号。这种坐标称为国家统一坐标。例如，有一点 $Y = 19\ 123\ 456.789$ m，该点位在 19° 带内，其相对于中央子午线而言的横坐标则是：首先去掉带号，再减去 500 000 m，最后得 $y = -376\ 543.211$ m。

4. 高斯平面投影的特点

（1）中央子午线无变形；

（2）无角度变形，图形保持相似；

（3）离中央子午线越远，变形越大。

四、椭球面上的控制网化算到高斯投影面

如图 6-5 所示，假设球面上某一带内有一需要化算到高斯面上的三角网 $PKQMT$，其中 P 点为起始点，其大地坐标为 (B, l)，$l = L - L_0$，L 和 L_0 为 P 点及中央子午线的大地经度；起始边 $PK = S$；中央子午线 ON，赤道 OE，起始边的大地方位角 A_{PK}；PC 为垂直于中央子午线的大地线，C 点大地坐标为 $B_0 = 0$，$l = 0$。

经过高斯投影，投影至高斯平面上，如图 6-6 所示。中央子午线和赤道投影称为直线 ON' 和 OE'。其他子午线和平行圈如过 P 点的子午线和平行圈均变为曲线，点 P 的投影点 P' 的直角坐标为 (x, y)，椭球面三角形投影后变为边长变短的曲线三角形，这些曲线都凹向纵坐标轴，但由于是等角投影，大地方位角 A_{PK} 投影后没有变化。

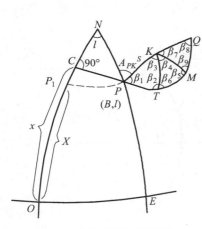

图 6-5　椭球面上的化算

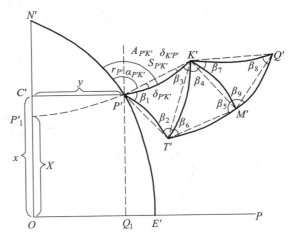

图 6-6　高斯平面上的化算

由于大地线投影后变为曲线，这在平面上解算测量问题是极其困难的，因此需要用连接各点间的弦线代替曲线，由此必须在每个方向上引进由于大地线投影后变成曲线、再将其改化为直线的水平方向改正值 δ。还需把起始点的大地坐标 (B,L) 计算为平面直角坐标。为了检核，还要有反算公式。最后，为了计算在高斯平面上的坐标方位角，还需要知道子午线收敛角 γ 和曲率改正值 σ。

综上所述，将椭球面三角形归算到高斯投影面的主要内容是：

（1）将起始点 P 的大地坐标 (L,B) 归算为高斯平面直角坐标 (x,y)；为了检核还应进行反算，即根据 (x,y) 反算 (L,B)。

（2）通过计算该点的子午线收敛角 γ 及方向改正 δ，将椭球面上起算边大地方位角 A_{PK} 归算到高斯平面上相应边 $P'K'$ 的坐标方位角 $\alpha_{P'K'}$。

（3）通过计算各方向的曲率改正和方向改正，将椭球面上各三角形内角归算到高斯平面上的由相应直线组成的三角形内角。

（4）通过计算距离改正 Δs，将椭球面上起算边 PK 的长度 S 归算到高斯平面上的直线长度 s。

（5）当控制网跨越两个相邻投影带，需要进行平面坐标的邻带换算。

任务二　椭球面元素归算至高斯平面

由于高斯投影是正形投影，椭球面上大地线间的夹角与它们在高斯平面上的投影曲线之间的夹角相等。为了在平面上利用平面三角学公式进行计算，须把大地线的投影曲线用其弦线来代替。控制网归算到高斯平面上的内容有：

（1）起算点大地坐标的归算：将起算点大地坐标 (L,B) 归算为高斯平面直角坐标 (x,y)。

（2）起算方向角的归算。

（3）距离改化计算：椭球面上已知的大地线边长（或观测的大地线边长）归算至平面上相应的弦线长度。

（4）方向改化计算：椭球面上各大地线的方向值归算为平面上相应的弦线方向值。

一、高斯投影正算

高斯投影正算是指已知椭球面上某点的大地坐标 (L, B)，求该点在高斯投影平面上的直角坐标 (x, y) 的过程，即 $(L, B) \Rightarrow (x, y)$。

1. 投影变换必须满足的条件

（1）中央子午线投影后为直线；

（2）中央子午线投影后长度不变；

（3）投影具有正形性质，即正形投影条件。

2. 投影过程

在椭球面上有对称于中央子午线的两点 P_1 和 P_2，它们的大地坐标分别为（L, B）及（l, B）。其中，l 为椭球面上 P 点的经度与中央子午线（L_0）的经度差：$l = L - L_0$，P 点在中央子午线之东，l 为正，在西则为负，则投影后的平面坐标一定为 $P_1'(x, y)$ 和 $P_2'(x, -y)$。

3. 计算公式

$$\left. \begin{array}{l} x = X + \dfrac{N}{2\rho''^2}\sin B l''^2 + \dfrac{N}{2\rho''^4}\sin B\cos^3 B(5 - t^2 + 9\eta^2)l''^4 \\[3mm] y = \dfrac{N}{\rho''}\cos B l'' + \dfrac{N}{6\rho''^3}B(1 - t^2 + \eta^2)l''^3 + \dfrac{N}{120\rho''^5}\cos^5 B(5 - 18t^2 + t^4)l''^5 \end{array} \right\} \quad (6\text{-}2)$$

当要求转换精度精确至 0.001 m 时，用式（6-3）计算：

$$\left. \begin{array}{l} x = X + \dfrac{N}{2\rho''^2}\sin B l''^2 + \dfrac{N}{24\rho''^4}\sin B\cos^3 B(5 - t^2 + 9\eta^2 + 4\eta^4)l''^4 + \\[3mm] \qquad \dfrac{N}{720\rho''^6}\sin B\cos^5 B(61 - 58t^2 + t^4)l''^6 \\[3mm] y = \dfrac{N}{\rho''}\cos B l'' + \dfrac{N}{6\rho''^3}\cos^3 B(1 - t^2 + \eta^2)l''^3 + \\[3mm] \qquad \dfrac{N}{720\rho''^5}\cos^5 B(5 - 18t^2 + t^4 + 14\eta^2 - 58\eta^2 t^2)l''^5 \end{array} \right\} \quad (6\text{-}3)$$

二、高斯投影反算

高斯反算是指已知某点的高斯投影平面上直角坐标 (x, y)，求该点在椭球面上的大地坐标 (L, B) 的过程，即 $(x, y) \Rightarrow (L, B)$。

1. 投影变换必须满足的条件

（1）x坐标轴投影成中央子午线，是投影的对称轴；

（2）x轴上的长度投影保持不变；

（3）投影具有正形性质，即满足正形投影条件。

2. 投影过程

根据x计算纵坐标在椭球面上的投影的底点纬度B_f，接着按B_f计算（$B_f - B$）及经差l，最后得到$B = B_f - (B_f - B)$，$L = L_0 + l$。

3. 计算公式

$$
\left.
\begin{aligned}
B &= B_f - \frac{t_f}{2M_f N_f} y^2 + \frac{t_f}{24 M_f N_f^3}(5 + 3t_f^3 + \eta_f^2 - 9\eta_f^2 t_f^2) y^4 - \\
&\quad \frac{t_f}{720 M_f N_f^5}(61 + 90 t_f^2 + 45 t_f^4) y^6 \\
l &= \frac{1}{N_f \cos B_f} y - \frac{1}{6 N_f^3 \cos B_f}(1 + 2t_f^2 + \eta_f^2) y^3 + \\
&\quad \frac{1}{120 N_f^5 \cos B_f}(5 + 28 t_f^2 + 24 t_f^4 + 6\eta_f^2 + 8\eta_f^2 t_f^2) y^5
\end{aligned}
\right\}
\tag{6-4}
$$

当要求转换精度至 0.01″ 时，可简化为式（6-5）：

$$
\left.
\begin{aligned}
B &= B_f - \frac{t_f}{2M_f N_f} y^2 + \frac{t_f}{24 M_f N_f^3}(5 + 3t_f^2 + \eta_f^2 - 9\eta_f^2 t_f^2) y^4 \\
l &= \frac{1}{N_f \cos B_f} y - \frac{1}{6 N_f^3 \cos B_f}(1 + 2t_f^2 + \eta_f^2) y^3 + \\
&\quad \frac{1}{120 N_f^5 \cos B_f}(5 + 28 t_f^2 + 24 t_f^4) y^5
\end{aligned}
\right\}
\tag{6-5}
$$

三、高斯换带计算

1. 产生换带的原因

为了限制投影的长度变形，高斯投影以中央子午线进行分带，把投影范围限制在中央子午线东、西两侧一定的范围内。因而，使得统一的坐标系分割成各带的独立坐标系。在工程应用中，往往要用到相邻带中的点坐标，有时工程测量中要求采用 3° 带、1.5° 带或任意带，而国家控制点通常只有 6° 带坐标，这时就产生了 6° 带同 3° 带（或 1.5° 带、任意带）之间的相互坐标换算问题，如图 6-7 所示。

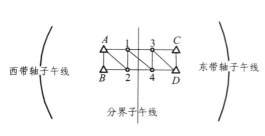
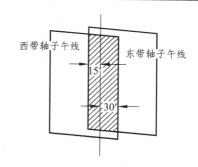

图 6-7　换带计算

2. 应用高斯投影正、反算公式间接进行换带计算

（1）计算过程

把椭球面上的大地坐标作为过渡坐标。首先把某投影带（比如Ⅰ带）内有关点的平面坐标 $(x, y)_{\mathrm{I}}$，利用高斯投影反算公式换算成椭球面上的大地坐标 (l, B)，进而得到 $L = L_0^{\mathrm{I}} + l$；然后由大地坐标 (L, B)，利用投影正算公式换算成相邻带的（第Ⅱ带）的平面坐标 $(x, y)_{\mathrm{II}}$。在这一步计算时，要根据第Ⅱ带的中央子午线 L_0^{II} 来计算经差 l，亦即此时 $l = L - L_0^{\mathrm{II}}$。

（2）算例

在中央子午线 $L_0^{\mathrm{I}} = 123°$ 的Ⅰ带中，有某一点的平面直角坐标 $x_1 = 5\,728\,374.726\ \mathrm{m}$，$y_1 = +210\,198.193\ \mathrm{m}$，现要求计算该点在中央子午线 $L_0^{\mathrm{II}} = 129°$ 的第Ⅱ带的平面直角坐标。

（3）计算步骤

① 根据 x_1，y_1 利用高斯反算公式换算 B_1，L_1，得到 $B_1 = 51°38'43.902\,4''$，$L_1 = 126°02'13.136\,2''$。

② 采用已求得的 B_1，L_1，并顾及第Ⅱ带的中央子午线 $L_0^{\mathrm{II}} = 129°$，求得 $l = -2°57'46.864''$，利用高斯正算公式计算第Ⅱ带的直角坐标 x_{II}，y_{II}。

③ 为了检核计算的正确性，要求每步都应进行往返计算。

四、子午线收敛角公式

（1）子午线收敛角的概念

如图 6-8 所示，p'，$p'N'$ 及 $p'Q'$ 分别为椭球面 p 点、过 p 点的子午线 pN 及平行圈 pQ 在高斯平面上的投影。由图可知，所谓点 p' 子午线收敛角就是 $p'N'$ 在 p' 上的切线 $p'n'$ 与 $p't'$（坐标北）之间的夹角，用 γ 表示。

在椭球面上，因为子午线同平行圈正交，又由于投影具有正形性质，因此它们的投影线 $p'N'$ 及 $p'Q'$ 也必正交，由图可见，平面子午线收敛角也就是等于 $p'Q'$ 在 p' 点上的切线 $p'q'$ 同平面坐标系横轴 y 的倾角。

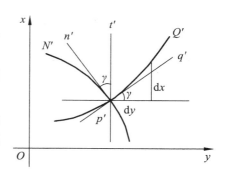

图 6-8　子午线收敛角

（2）由大地坐标 (L, B) 计算平面子午线收敛角 γ 的公式：

$$\gamma = \sin B \cdot l + \frac{1}{3}\sin B \cos^2 B \cdot l^3(1 + 3\eta^2 + 2\eta^4) + \frac{1}{15}\sin B \cos^4 B \cdot l^5(2 - t^2) + \cdots \qquad (6\text{-}6)$$

（3）由平面坐标 (x, y) 计算平面子午线收敛角 γ 的公式：

$$\gamma = \frac{\rho''}{N_f} y \tan B_f \left[1 - \frac{y^2}{3N_f^3}(1 + t_f^2 - \eta_f^2) \right] \qquad (6\text{-}7)$$

式（6-7）计算精度可达 $1''$。如果要达到 $0.001''$ 计算精度，可用式（6-8）计算：

$$\gamma'' = \frac{\rho''}{N_f} y t_f - \frac{\rho'' y^2}{3N_f^3} t_f(1 + t_f^2 - \eta_f^2) + \frac{\rho'' y^5}{15N_f^5} t_f(2 + 5t_f^2 + 3t_f^4) \qquad (6\text{-}8)$$

（4）实用公式

① 已知大地坐标 (L, B) 计算子午线收敛角 γ：

$$\gamma = \{1 + [(0.333\,33 + 0.006\,74\cos^2 B) + (0.2\cos^2 B - 0.006\,7)l^2]l^2\cos^2 B\}l\sin B\rho'' \qquad (6\text{-}9)$$

② 已知平面坐标 (x, y) 计算子午线收敛角 γ：

$$\gamma = \{1 - [(0.333\,33 - 0.002\,25\cos^4 B_f) - (0.2 - 0.067\cos^2 B_f)Z^2]Z^2\}Z\sin B_f\rho'' \qquad (6\text{-}10)$$

五、方向改化

1. 方向改化概念

如图 6-9 所示，若将椭球面上的大地线 AB 方向改化为平面上的弦线 ab 方向，其相差一个角值 δ_{ab}，即称为方向改化值。

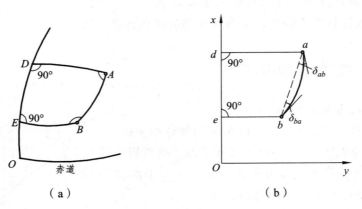

（a）　　　　　　　　　　　　　（b）

图 6-9　方向改化

2. 方向改化的过程

如图 6-9 所示，若将大地线 AB 方向改化为弦线 ab 方向，过 A, B 点在球面上各作一大圆弧与轴子午线正交，其交点分别为 D，E，它们在投影面上的投影分别为 ad 和 be。由于是把地球近似看成球，故 ad 和 be 都是垂直于 x 轴的直线。在 a，b 点上的方向改化分别为 δ_{ab} 和 δ_{ba}。当大地线长度不大于 10 km，y 坐标不大于 100 km 时，二者之差不大于 0.05″，因而可近似认为 $\delta_{ab} = \delta_{ba}$。

3. 计算公式

球面角超公式为：

$$\varepsilon'' = \frac{\rho''}{R^2}\left|(x_a - y_b)\frac{(y_a + y_b)}{2}\right| \tag{6-11}$$

适用于三、四等三角测量的方向改正的计算公式：

$$\left.\begin{array}{l} \delta_{ab} = \dfrac{\rho''}{2R^2} y_{\mathrm{m}}(x_a - x_b) \\[3mm] \delta_{ba} = -\dfrac{\rho''}{2R^2} y_{\mathrm{m}}(x_a - x_b) \end{array}\right\} \tag{6-12}$$

式中，$y_{\mathrm{m}} = \dfrac{1}{2}(y_a + y_b)$，为 a，b 两点的 y 坐标的自然的平均值。

六、距离改化

1. 距离改化概念

如图 6-10 所示，设椭球体上有两点 P_1，P_2 及其大地线 S，在高斯投影面上的投影为 P_1'，P_2' 及 s。s 是一条曲线，而连接 P_1'，P_2' 两点的直线为 D。如前所述，由 S 化至 D 所加的改正，即为距离改正 ΔS。

2. 长度比和长度变形

（1）长度比 m：椭球面上某点的一微分元素 $\mathrm{d}S$，其投影面上的相应微分元素 $\mathrm{d}s$，则 $m = \dfrac{\mathrm{d}s}{\mathrm{d}S}$ 称为该点的长度比。

（2）长度变形：由于长度比 m 恒大于 1，故称 $(m-1)$ 为长度变形。

3. 长度比 m 的计算公式

图 6-10　距离改化

$$m = 1 + \frac{y^2}{2R_{\mathrm{m}}^2} \tag{6-13}$$

式中，R_{m} 表示按大地线始末两端点的平均纬度计算的椭球的平均曲率半径。$y_{\mathrm{m}} = \dfrac{1}{2}(y_a + y_b)$ 为投影线两端点的平均横坐标值。

4. 长度比和长度变形的特点

（1）长度比 m 随点的位置而异，但在同一点上与方向无关。

（2）当 $y = 0$（或 $l = 0$）时，$m = 1$，即中央子午线投影后长度不变。

（3）当 $y \neq 0$（或 $l \neq 0$）时，即离开中央子午线时，长度变形（$m - 1$）恒为正，离开中央子午线的边长经投影后变长。

（4）长度变形（$m - 1$）与 y^2（或 l^2）成比例地增大，对于在椭球面上等长的子午线来说，离开中央子午线愈远的那条，其长度变形愈大。

5. 距离改化计算公式

$$D = S\left(1 + \frac{y_m^2}{2R_m^2}\right) \qquad (6\text{-}14)$$

$$D = S\left(1 + \frac{y_m^2}{2R_m^2} + \frac{\Delta y^2}{24R_m^2}\right) \qquad (6\text{-}15)$$

任务三　工程坐标系的建立及转换

对于工程测量，包括城市测量，既有测绘大比例尺图的任务，又有满足各种工程建设和市政建设施工放样工作的要求。如何根据这些目的和要求合适地选择投影面和投影带，经济合理地确立工程平面控制网的坐标系，在工程测量中是一个重要的课题。

一、工程测量中选择投影面和投影带的原因

1. 有关投影变形的基本概念

平面控制测量投影面和投影带的选择，主要是解决长度变形问题。这种投影变形主要是由以下两种因素引起的：

（1）实测边长归算到参考椭球面上的变形影响，其值为 Δs_1：

$$\Delta s_1 = -\frac{sH_m}{R} \qquad (6\text{-}16)$$

式中，H_m 为归算边高出参考椭球面的平均高程，s 为归算边的长度，R 为归算边方向参考椭球法截弧的曲率半径。归算边长的相对变形：

$$\frac{\Delta s_1}{s} = -\frac{H_m}{R} \qquad (6\text{-}17)$$

Δs_1 值是负值，表明将地面实量长度归算到参考椭球面上，总是缩短的；$|\Delta s_1|$ 值与 H_m 成正比，随 H_m 增大而增大。

（2）将参考椭球面上的边长归算到高斯投影面上的变形影响，其值为 Δs_2：

$$\Delta s_2 = \frac{1}{2}\left(\frac{y_m}{R_m}\right)^2 s_0 \qquad\qquad (6\text{-}18)$$

式中，$s = s_0 + \Delta s_1$，即 s_0 为投影归算边长，y_m 为归算边两端点横坐标平均值，R_m 为参考椭球面平均曲率半径。投影边长的相对投影变形为：

$$\frac{\Delta s_2}{s_0} = \frac{1}{2}\left(\frac{y_m}{R_m}\right)^2 \qquad\qquad (6\text{-}19)$$

Δs_2 值总是正值，表明将椭球面上长度投影到高斯面上，总是增大的；Δs_2 值随着 y_m 平方成正比而增大，离中央子午线愈远，其变形愈大。

2. 工程测量平面控制网的精度要求

工程测量控制网不但应作为测绘大比例尺图的控制基础，还应作为城市建设和各种工程建设施工放样测设数据的依据。为了便于施工放样工作的顺利进行，要求由控制点坐标直接反算的边长与实地量得的边长，在长度上应该相等，这就是说由上述两项归算投影改正而带来的长度变形或者改正数，不得大于施工放样的精度要求。一般来说，施工放样的方格网和建筑轴线的测量精度为 $1/20\,000 \sim 1/5\,000$。因此，由投影归算引起的控制网长度变形应小于施工放样允许误差的 $1/2$，即相对误差为 $1/10\,000 \sim 1/40\,000$，也就是说，每千米的长度改正数不应该大于 $2.5 \sim 10$ cm。

二、投影变形的处理方法

（1）通过改变 H_m 从而选择合适的高程参考面，将抵偿分带投影变形，这种方法通常称为抵偿投影面的高斯正形投影；

（2）通过改变 y_m，从而对中央子午线作适当移动，来抵偿由高程面的边长归算到参考椭球面上的投影变形，这就是通常所说的任意带高斯正形投影；

（3）通过既改变 H_m（选择高程参考面），又改变 y_m（移动中央子午线），来共同抵偿两项归算改正变形，这就是所谓的具有高程抵偿面的任意带高斯正形投影。

三、工程测量中几种可能采用的直角坐标系

1. 国家 3° 带高斯正形投影平面直角坐标系

当测区平均高程在 100 m 以下，且 y_m 值不大于 40 km 时，其投影变形值 Δs_1 及 Δs_2 均小于 2.5 cm，可以满足大比例尺测图和工程放样的精度要求。在偏离中央子午线不远和地面平均高程不大的地区，不需考虑投影变形问题，直接采用国家统一的 3° 带高斯正形投影平面直角坐标系作为工程测量的坐标系。

2. 抵偿投影面的3°带高斯正形投影平面直角坐标系

在这种坐标系中，依然采用国家3°带高斯投影，但投影的高程面不是参考椭球面而是依据补偿高斯投影长度变形而选择的高程参考面。在这个高程参考面上，长度变形为零。

令 $s\left(\dfrac{y_m^2}{2R_m^2}+\dfrac{H_m}{R}\right)=\Delta s_2+\Delta s_1=\Delta s=0$，于是，当 y_m 一定时，可求得：

$$\Delta H=\frac{y_m^2}{2R} \tag{6-20}$$

则投影面高为： $H_{投}=H_m+\Delta H$

例如：某测区海拔 $H_m=2\,000$ m，最边缘中央子午线 100 km，当 $s=1\,000$ m 时，则有：

$$\Delta s_1=-\frac{H_m}{R_m}\cdot s=-0.313\ \text{m} \qquad \Delta s_2=\frac{1}{2}\left(\frac{y_m^2}{2R_m^2}\right)s=0.123\ \text{m}$$

而 $\Delta s_1+\Delta s_2=-0.19$ m，超过允许值。这时为不改变中央子午线位置，而选择一个合适的高程参考面，经计算得高差：

$$\Delta H\approx 780\ \text{m}$$

将地面实测距离归算到： $2\,000-780=1\,220$ m

3. 任意带高斯正形投影平面直角坐标系

在这种坐标系中，仍把地面观测结果归算到参考椭球面上，但投影带的中央子午线不按国家3°带的划分方法，而是依据补偿高程面归算长度变形而选择的某一条子午线作为中央子午线。这就是说，在（6-20）式中，保持 H_m 不变，于是求得：

$$y=\sqrt{2R_mH_m} \tag{6-21}$$

例如：某测区相对参考椭球面的高程 $H_m=500$ m，为抵偿地面观测值向参考椭球面上归算的改正值，依式（6-21）算得：

$$y=\sqrt{2\times 6370\times 0.5}=80\ \text{km}$$

即选择与该测区相距 80 km 处的子午线。此时在 $y_m=80$ km 处，两项改正项得到完全补偿。

但在实际应用这种坐标系时，往往是选取过测区边缘，或测区中央，或测区内某一点的子午线作为中央子午线，而不经过上述的计算。

4. 具有高程抵偿面的任意带高斯正形投影平面直角坐标系

在这种坐标系中，往往是指投影的中央子午线选在测区的中央，地面观测值归算到测区平均高程面上，按高斯正形投影计算平面直角坐标。由此可见，这是综合第二、三两种坐标系长处的一种任意高斯直角坐标系。显然，这种坐标系更能有效地实现两种长度变形改正的补偿。

5. 假定平面直角坐标系

当测区控制面积小于 100 km² 时，可不进行方向和距离改正，直接把局部地球表面作为平面建立独立的平面直角坐标系。这时，起算点坐标及起算方位角，最好能与国家网联系，如果联系有困难，可自行测定边长和方位，而起始点坐标可假定。这种假定平面直角坐标系只限于某种工程建筑施工之用。

项目小结

将地面控制测量观测值规化到椭球面上，得到的椭球面上的大地坐标（L，B），大地线长 S、大地方位角 A 等，这些数据难以被地形测图、工程测量等应用，需转换到平面上。本项目主要介绍了正形投影的特点，高斯投影的概念、特点及分带方法，观测值在椭球面上与高斯平面之间的相互转化，即高斯投影的坐标正算与坐标反算，工程测量中投影方法及坐标系的建立。

思考与练习题

1. 为什么要研究投影？我国目前采用的是何种投影？

2. 控制测量对地图投影有什么要求？

3. 高斯投影应满足哪些条件？6° 带 3° 带的分带方法是什么？如何计算中央子午线的经度？

4. 正形投影有哪些特征？长度比是什么？

5. 将控制网归算到高斯平面上的主要内容包括什么？

6. 高斯投影坐标计算公式包括正算公式和反算公式两部分，各解决什么问题？

7. 简述高斯换带计算的基本思想及主要步骤。

8. 绘图说明平面子午线收敛角、方向改化、距离改化的几何意义。

9. 简述工程测量投影变形的处理方法。

项目七 控制测量的技术设计、总结和检查验收

■ 项目提要

一项控制测量工程的整个工作过程包括技术设计、外业观测、内业计算、技术总结、检查验收等若干部分。前面已经介绍了控制测量的外业观测与内业计算，本项目将介绍控制测量的技术设计、技术总结以及质量检查验收等内容。

■ 学习目标

1. 知识目标

掌握编写控制测量技术设计书的方法与过程；掌握编写控制测量的技术总结的方法与过程；了解控制测量成果检查验收的基本规定与技术规定，知晓控制测量成果质量检验内容及方式。

2. 技能目标

能够编写控制测量技术设计书；能够编写控制测量的技术总结。

■ 关键内容

1. 重点

控制测量的技术设计；控制测量的技术总结。

2. 难点

控制测量成果质量检查和验收的内容及规定。

任务一 控制测量的技术设计

像任何工程设计一样，控制测量的技术设计是关系全局的重要环节，技术设计书是使控制网的布设既满足质量要求又做到经济合理的重要保障，是指导生产的重要技术文件。

技术设计的任务是根据控制网的布设宗旨，结合测区的具体情况拟定网的布设方案，必要时应拟定几种可行方案，经过分析、对比确定一种从整体来说为最佳的方案，作为布网的基本依据。

进行控制测量技术设计应依据中华人民共和国测绘行业标准《测绘技术设计规定》进行。

一、技术设计的一般规定

（1）技术设计的目的是制定切实可行的技术方案，保证测绘产品符合技术标准和用户要求，并获得最佳的社会效益和经济效益。因此，每个测绘项目在作业前都必须进行技术设计。技术设计书未经批准不得实施。

（2）技术设计分项目设计和专业设计。项目设计是指对具有完整的测绘工序内容，其产品可提供社会直接使用和流通的测绘项目而进行的综合性设计。构成测绘项目的有大地测量、地形测量、地图制图和制印、工程测量和多用途地籍测量、基础资料测绘等。专业设计是在项目设计基础上，按工种进行的具体技术设计，是指导作业的主要技术依据。

（3）项目设计由承担测绘任务的主管部门编写和上报，专业设计由测绘生产单位编写和上报。设计工作可委托测绘设计单位进行，亦可组织专职设计人员编写。

（4）技术设计文件是测绘生产的主要技术依据，也是影响测绘成果能否满足用户要求和技术标准的关键因素。

二、技术设计的依据

编写技术设计文件以前，应先确定设计的依据。设计依据由技术设计负责人确定并形成书面文件，由单位总工程师对其适宜性和充分性进行审核。设计的依据应根据具体的测绘任务、测绘专业活动而定，通常情况下，测绘技术设计的依据主要包括：

（1）上级下达任务的文件或合同书。

（2）有关的法规和技术标准。

（3）有关测绘产品的生产定额、成本定额和装备标准等。

（4）用户对测绘成果功能和性能等方面的要求，主要包括任务书、合同中的有关要求、用户书面要求或口头要求的记录、市场的需求或期望等。

（5）以往测绘技术设计、测绘技术总结提供的信息，以及现有生产过程与成果的质量记录和有关数据。

（6）测绘技术设计必须满足的其他要求。

三、技术设计的基本原则

进行技术设计时应遵守以下基本原则：

（1）技术设计方案应先考虑整体而后局部，且顾及发展；要满足用户的要求，重视社会效益和经济效益。

（2）要从作业区实际情况出发，考虑作业单位的实力（人员技术素质和装备情况），挖掘潜力，选择最佳作业方案。

（3）广泛收集，认真分析和充分利用已有的测绘产品和资料。

（4）积极采用适用的新技术、新方法和新工艺。

（5）一个设计区的大小，一般以 1～2 年完成较合适。工作量大的项目，可将作业区划分为几个小区，分别进行技术设计；工作量小的可将项目设计和专业设计合并进行。

四、编写设计书的要求

设计人员在编写设计书时应做到：

（1）内容明确，文字简练，对标准或规范中已有明确规定的，一般可直接引用，并根据引用内容的具体情况，标明所引用标准或规范名称、日期及引用的章、条编号，且应在其引用文件中列出。对于作业生产中容易混淆和忽视的问题，应重点描述。

（2）名称、术语、公式、符号、代号和计量单位等应与有关法规和标准一致。

（3）技术设计的幅面、封面格式和字体、字号等参见《测绘技术设计规定》。

五、控制测量技术设计书的内容

1. 任务概述

说明任务来源、测区范围、地理位置、行政隶属、任务量和采用的技术依据。

2. 测区自然地理概况

说明测区地理特征、居民地、交通、气候等情况，并划分测区困难类别。

3. 已有资料的分析、评价和利用

说明作业单位，施测年代，作业所依据的标准、所采用的平面、高程和重力基准；说明已有资料的质量情况，并作出评价和指出利用的可能性。

4. 成果主要技术指标和规格

说明成果的种类、形式、坐标系统、高程基准、比例尺、分带、投影方法、分幅编号及其空间单元、数据基本内容、数据格式、数据精度及其他技术指标等。

5. 设计方案

（1）控制测量外业

一般要求先在适当的比例尺地形图上，按有关标准进行图上设计，图上设计完后，应展绘成一定比例尺设计图。

设计方案的文字说明应符合以下基本要求：

GPS、导线测量：说明所确定的控制网的名称、等级、图形、点的密度、已知点的利用情况等；采用的坐标系统及相关坐标系统间的转换计算方法；初步确定标石的类型、GPS基线向量、水平角和导线边的测定方法，新旧点的联测方案和 GPS 点、导线点高程的测定方法等。

根据上述情况，按工序确定工作量。

水准测量：叙述采用的高程基准及起算点的简况，说明路线的名称、等级、位置、长度、点的间距及编号方法；确定交叉点、基本点和基岩点的点名和位置；确定标石类型及埋设规格；拟定观测、联测、检测及跨越障碍的各项方案；计算工作量。

（2）控制测量计算

分析和评价外业成果资料；说明采用的平面、高程基准和起算数据；确定平差计算的计算软件、计算方法和精度要求；提出精度分析的方法，对计算成果打印格式和整理的要求；计算工作量。

（3）新技术新方法的采用

采用新技术和新方法时要说明所使用的仪器和执行的标准，或提出技术要求和达到的精度指标。

6. 引用文件

说明项目设计书编写过程中所引用的标准、规范和其他技术文件。文件一经引用，便构成项目设计书设计内容的一部分。

7. 建议和措施

为完成上述设计方案，拟定所需的仪器设备和主要物资，并指出业务管理，物资供应，通讯联络等工作中必须采取的措施和对作业的建议。

8. 附图、附表

（1）技术设计图。
（2）综合工作量表。
（3）工时利用表。
（4）主要物资器材表。
（5）预计上交产品和资料表等。

六、技术设计中的注意事项

在编写技术设计书时，要紧密结合具体情况，综合考虑各种问题，下面的几个问题要特别注意。

1. 对已有测绘资料的分析和利用

为了测量成果统一并节省测量费用，对测区原有的测绘资料应该充分地利用。但在使用时，须对其精度进行综合分析、评定，以确定对原有测绘成果的利用程度。

分析和评定原有测绘资料质量时，应尽可能收集齐全原有各项资料，并仔细审阅其技术设计、技术总结以及检查验收报告等，对各项主要精度数据逐一复核。

2. 编制水平控制网技术设计需注意的事项

（1）原有起始数据的来源、坐标系、等级、质量情况。

（2）标石类型、浇灌、埋设质量。

（3）投影带和投影面的选择，其综合误差影响是否满足工程测量需要。

（4）起始边精度，电磁波测距仪检定间隔时间，测距仪改正数是否正确等。

（5）依控制网几何条件检查观测质量情况。

（6）平差后观测角的改正数，通常应接近于测角中误差，接近或超过两倍者应为少数；如有更大的改正数应分析其原因（是由于起始数据误差还是由于观测误差所致）。

（7）仪器检验项目和精度，观测成果取舍是否合理。

（8）成果中是否存在较严重的系统误差和其他有关的误差影响，对最后成果质量有何影响。

（9）采用的平差软件是否经过鉴定，平差方法是否合理。

（10）精度评定是否正确，最弱边相对中误差、点位中误差能否满足要求。

3. 编写高程控制网技术设计需注意的事项

（1）原有高程成果的来源、高程系统、等级、质量等；

（2）布网的图形及其点位密度；

（3）标石类型、浇灌、埋设质量；

（4）线路的闭合差，每千米高差中数的偶然中误差和全中误差；

（5）采用的平差软件是否经过鉴定，平差方法是否适当，观测成果取舍是否合理；

（6）起算水准点是否经检测，检测结果是否合乎规定；

（7）水准仪水准标尺是否进行过检验，仪器检验项目是否齐全。

根据上述对原有测绘资料的分析、鉴定，按其实际达到的质量和测区建网的目的及要求，正确地确定利用原有测绘资料的具体方案。

任务二　控制测量的技术总结

在完成测绘生产任务的外业观测与内业计算之后，必须编写测绘技术总结，以对控制测量工作的完成情况和技术设计的执行情况进行全面总结。国家于 1991 年曾颁布国家行业标准《测绘技术总结编写规定》（CH 1001—91），并于 2005 年对其进行了修改及颁布，即中华人民共和国测绘行业标准《测绘技术总结编写规定》（CH/T 1001—2005），以替代 CH 1001—91；并于 2006 年 1 月 1 日开始实施。

测绘技术总结是在测绘任务完成后，对测绘技术设计文件和技术标准、规范等的执行情况，技术设计方案实施中出现的主要技术问题和处理方法，成果（或产品）质量、新技术的应用等进行分析研究、认真总结，并做出的客观描述和评价。测绘技术总结为用户（或下工序）的合理使用提供方便，为测绘单位持续质量改进提供依据，同时也为测绘技术设计、有关技术标准、规定的制定提供资料。 测绘技术总结是与测绘成果（或产品）有直接关系的技术性文件，是长期保存的技术性档案。

测绘技术总结分项目总结和专业技术总结。专业技术总结是测绘项目中所包含的各测绘专业活动在其成果（或产品）检查合格后，分别总结撰写的技术文档。专业技术总结所包含的测绘专业活动范畴以及各测绘专业活动的作业内容遵照 CH/T 1004—2005 中 5.3.3 的规定。项目总结是一个测绘项目在其最终结果（或产品）检查合格后，在各专业技术总结的基础上，对整个项目所作的技术总结。对于工作量较小的项目，可根据需要将项目总结和专业技术总结合并为项目总结。

项目总结由承担项目的法人单位负责编写或组织编写；专业技术总结由具体承担相应测绘专业任务的法人单位负责编写。具体的编写工作通常由单位的技术人员承担。技术总结编写完成后，单位总工程师或技术负责人应对技术总结编写的客观性、完整性等进行审核并签字，并对技术总结编写的质量负责。技术总结经审核、签字后，随测绘成果（或产品）、测绘技术设计文件和成果（或产品）检查报告一并上交和归档。

一、测绘技术总结编写的主要依据

编写测绘技术总结的主要依据为：

（1）测绘任务书或合同的有关要求，顾客书面要求或口头要求的记录，市场的需求或期望。

（2）测绘技术设计文件，相关的法律、法规、技术标准和规范。

（3）测绘成果（或产品）的质量检查报告。

（4）适用时，以往测绘技术设计、测绘技术总结提供的信息以及现有生产过程和产品的质量记录和有关数据。

（5）其他有关文件的资料。

二、测绘技术总结的基本要求

（1）内容真实、全面，重点突出。说明和评价技术要求的执行情况时，不应简单抄录设计书的有关技术要求；应重点说明作业过程中出现的主要技术问题和处理方法、特殊情况的处理及其达到的效果、经验、教训和遗留问题等。

（2）文字应简明扼要，公式、数据和图表应准确，名词、术语、符号和计量单位等均应与有关法规和标准一致。

三、测绘技术总结的主要内容

《测绘技术总结编写规定》指出，测绘技术总结分为项目总结和专业技术总结，主要内容包括：

1. 概　述

概述中要说明测绘任务总的情况，例如任务来源、目标、工作量等。任务的安排与完成情况、作业区概况以及已有资料的利用情况等。

2. 技术设计执行情况

本部分主要说明、评价测绘技术设计文件和有关的技术标准、规范的执行情况。内容主要包括：生产所依据的测绘技术设计文件和有关的技术标准、规范，设计书执行情况，以及执行过程中技术性更改情况，生产过程中出现的主要技术问题和处理方法，特殊情况的处理及其达到的效果等，新技术、新方法、新材料等的应用情况，经验、教训、遗留问题、改进意见和建议等。

3. 测绘成果质量说明与评价

简要说明、评价测绘成果的质量情况、产品达到的技术质量标准，并说明其质量检查报告的名称和编号。

4. 上交和归档测绘成果及其资料清单

分别说明上交和归档测绘成果的形式、数量等，以及一并上交和归档的资料文档清单等。

任务三　控制测量的检查与验收

控制测量包括平面控制测量和高程控制测量，是各种测绘工作的基础。由于控制测量的基础作用，各作业单位的生产和质检人员应对其给予足够的重视。控制测量工作技术含量较高，工序较多，操作规定严格，项目检核复杂，需要通过内、外业检查和现场巡视等方式进行控制监督。

一、检查验收的基本规定

（1）二级检查一级验收制度。

测量成果的质量要通过二级检查、一级验收的方式进行控制，必须依次通过过程检查、最终检查和验收工作。其中，过程检查由生产部门中队（室）进行检查，最终检查由生产单位质量管理机构负责实施，验收工作一般由任务的委托单位组织实施。各级检查部门应独立进行，不得省略或相互替代。

（2）自查与互检制度。

① 自查是保证测绘质量的重要环节。作业人员在整个操作过程应该经常检查自己的作业方法。对每一天完成的任务要当天查，一旦发现遗漏或错误，必须立即补上或改正，把遗漏、错误消灭在生产第一线。在上交成果以前要全面地作最后检查。

② 互检是测绘成果在全面自查的基础上，作业人员之间相互委托检查的方法。被委托的互检人员要全面地进行检查。互查不仅能避免自查不容易发现的错误而且还是互相学习取长补短的一种有效方法。

（3）验收工作应在测绘产品经最终检查合格后进行。由生产任务的委托单位组织实施，或由该单位委托专职检验机构验收。

（4）各级检查、验收工作必须独立进行，一般不得省略或代替。

（5）测量人员对完成的测绘产品质量应负责到底，努力把各类缺陷消灭在作业过程中。

（6）项目负责人应对测绘项目的技术质量负责；各级检查人员应对其所检查的产品质量负责；作业人员对其所完成的产品质量负责到底。

（7）过程检查中发现有不符合技术标准、技术设计或其他有关技术规定要求的产品时，应及时提出处理意见，交作业员进行改正；最终检查时若发现产品问题较多或性质较差，应拒收并指出问题所在，当即退给生产单位及时组织修改并重新进行检查。

（8）各级检查人员应认真做好检查记录，并将记录装订成册，随其他成果资料一起上交办公室存档。

（9）本制度未明确规定的其他测绘产品质量的检查和质量的评定，按国家测绘地理信息局和省测绘地理信息局等有关质量管理规定执行。

二、测绘成果检查验收的技术规定

1. 可全数检查或抽样检查

检查可根据不同情况采用全数检查或抽样检查。进行抽样检查时，一般应进行概查，最终检查时应审核过程检查记录。

2. 采用抽样验收

产品验收一般采用计算抽样验收，其抽样方案和抽样程序按标准执行。验收单位应对样本进行详查，特殊情况下可对样本以外的产品进行概查，概查实施与否应和抽样方案同时确定，验收应审核最终检查记录。

3. 明确检查验收依据

测绘成果检查与验收的依据为相关法律法规、相关国家标准、行业标准、设计书、测绘任务书、合同书和委托验收文件等。

4. 测绘成果质量评定

数字测绘产品质量实行优级品、良级品、合格品、不合格品评定制。数字测绘产品质量由生产单位评定，验收单位则通过检验批进行核定。数字测绘产品检验批实行合格批、不合格批评定制。其中，质量等级的划分标准为：

（1）优级品为 90～100 分。

（2）良级品为 75～89 分。

（3）合格品为 60～74 分。

（4）不合格品为 0～59 分。

对于检验批应按规定比例抽取样本。若样本中全部为合格以上产品，则该检验批判为合格产品。若样本中有不合格产品，则该检验批为一次检验未通过批，应从检验批中再抽取一定比例的样本进行详查，如果样本中仍然有不合格产品，则该检验批为不合格产品。

5. 质量等级评定与核定

由测绘单位评定样本成果质量和成果质量等级。验收单位根据样本质量等级核定成果质量等级。

6. 检查与验收报告

检查验收工作结束后，生产单位和验收单位应分别编写检查报告和验收报告。检查报告经生产单位领导审核后随产品一并提交验收，验收报告经验收单位主管领导审核后，随产品归档，并抄送生产单位。

（1）检查报告的主要内容

① 任务概要。

② 检查工作概要。

③ 检查的技术依据。

④ 主要质量及处理情况。

⑤ 对遗留问题的处理意见。

⑥ 质量统计和检查结论。

（2）验收报告主要内容

① 验收工作概况。

② 验收的技术要求。

③ 验收中发现的主要问题及处理意见。

④ 质量统计。

⑤ 验收结论。

⑥ 其他意见及建议。

三、控制测量成果质量检验内容及方式

为了更好地指导控制测量生产，增强标准的可操作性，规范各级测绘检验业务，国家测绘局 2010 年发布了测绘行业标准《平面控制测量成果质量检验技术规程》（CH/T 1022—2010）和《高程控制测量成果质量检验技术规程》（CH/T 1021—2010）。

在以上技术规程中，分别针对平面控制测量和高程控制测量成果的质量检验做了详细的技术规定，下面以 GPS 平面控制测量为例，简略给出高程控制测量成果检核内容及方式，以供学习参考（见表 7-1）。

表 7-1　GPS 平面控制测量成果质量检验内容及方式

质量子元素	检验内容		检验方式
数学精度	点位中度差		1. 实地检测； 2. 重新平差计算； 3. 精度认定
	边长相对中度差		1. 重新平差计算； 2. 精度认定
观测质量	仪器检验项目齐全性，检校方法正确性	仪器是否在检定有效期内	核查仪器检定、比对资料
		仪器精度是否符合规范及设计要求	
		不同类型接收机联合作业时，精度比对测试结果是否满足规范及设计要求	
	观测条件合理性	天气情况符合性	查看观测手簿记录
		多路径效应规范性和正确性	软件检查
	观测方法正确性	天线高测定方法的正确性	1. 查看原始观测数据 2. 使用软件检查
		观测时段数的符合性	
		有效观测卫星总数、时段中任一卫星有效观测时间、时段长度、数据采样间隔、卫星高度角、PDOP 值、钟漂等的符合性	
		成果的取舍，重测的正确性、合理性	检查相关资料
	观测成果质量	记簿规范性：记录内容完整性	查看原始观测记录
		数字划改、数字修约规范性	
		观测数据格式符合性、内容的完整性	
计算质量	起算数据使用正确性	起算点等级、个数符合性	核查控制网图、技术总结等资料
		起算点选取的合理性	分析控制网图
		起算点数据录入正确性	核查计算资料
		起算点兼容性	1. 核查资料； 2. 平差计算
	数学基础使用正确性	数学基础的选择合理性	对照计算资料与项目设计
		坐标改算正确性	1. 分析计算资料 2. 重新计算

续表 7-1

质量子元素	检验内容		检验方式
计算质量	数据处理正确、合理性	观测数据录入正确性	对照已知数据资料检查
		星历使用正确性	核查基线处理资料
		基线选取合理性	分析 GPS 网图资料
	验算项目齐全性	验算指标的齐全性	分析计算资料
		计算方法的正确性	重新计算
		指标的符合性	对照规范检查
选点质量	点位布设合理性	点位布设和密度是否利于扩展和联测	分析资料
		平均边长符合性	
		旧点利用符合性	
		辅助点、方位点布设规范性	
		起算点的分布及点位情况	
	实地点位的符合性		实地检查
	点之记内容完整、正确性	点位、点号正确性	对照设计实地检查
		点位概略位置准确性	1. 实地检测；2. 检查资料
		点位略图、交通路线图、GPS 环视图与实地的符合性	实地核对
埋石质量	埋石坑位的规范性和尺寸的符合性		1. 实地检查；2. 检查资料
	标石类型和标石埋设规格的规范性		1. 实地检查；2. 核查资料；3. 开挖检查
	标志类型、规格的正确性		1. 实地检查；2. 核查资料；3. 开挖检查
	标石外部整饰规整性		实地检查
	委托保管手续内容的齐全、正确性		检查托管资料
整饰质量	资料装订规整性		查看资料
	资料格式规整性		对照设计、规范检查
	资料正确性		查看资料
资料完整性	技术总结内容完整性		1. 对照 CH/T 1001 检查 2. 对照规范、技术设计及有关技术变更文件
	检查报告内容完整性		参照 GB/T 18316 进行检查
	成果资料完整性		对照技术设计成果提交相关要求核查

项目小结

本项目主要讲述控制测量的技术设计、技术总结及成果质量的检查与验收等。对于控制测量的技术设计，重点介绍了技术设计应遵守的原则、内容及注意事项；控制测量的技术总结重点介绍了技术总结的依据、要求及主要内容；控制测量成果的检查与验收，主要介绍了检查验收的内容、工作实施过程及质量评定的方法。

思考与练习题

1. 编写控制测量技术设计的依据是什么？
2. 控制测量技术设计应遵守哪些原则？
3. 简述控制测量技术设计所包含的内容。
4. 技术总结的目的是什么？
5. 简述编写控制测量技术总结的依据。
6. 简述控制测量技术总结包含的内容。
7. 目前测绘生产任务是怎么检查与验收的？

附录 1　京沪高速铁路精密控制测量技术设计书

一、任务概况

根据部工管中心《关于保证无砟轨道控制测量精度的通知》及院生产安排，对京沪高速铁路徐州至上海段（DK665+100～DK1309+150），正线长度 646.207 km 的线路，施测基础平面控制网（B 级 GPS 平面控制网），线下施工控制测量（C 级 GPS 平面控制网、既有四等 GPS 网联测）及二等水准高程控制网，制定本技术设计书。

二、作业依据

（1）《客运专线无砟轨道铁路工程测量技术暂行规定》；

（2）GB/T 18314—2001《全球定位系统（GPS）测量规范》；

（3）BT 10054—97《全球定位系统（GPS）铁路测量规程》；

（4）GB 12879—91《国家一、二等水准测量规范》；

（5）CH 1002—95《测绘产品检查验收规定》；

（6）CH 1003—95《测绘产品质量评定标准》；

（7）本《技术设计书》。

三、基本技术要求

平面坐标系采用 30 分带宽的投影，采用 WGS-84 椭球参数，保证投影长度变形值不大于 10 mm/km。中央子午线见附表 1-1。

附表 1-1　投影分带及中央子午线

起点里程	终点里程	中央子午线
DK665+100	DK713+999.744	117°30′00″
DK714+000	DK759+000	117°00′00″
DK759+000	DK885+710.37（断链前）	117°30′00″
DK885+710.37（断链前）	DK953+000	118°00′00″
DK953+000	DK1013+435.51（断链前）	118°30′00″
DK1013+000（断链后）	DK1067+300	119°00′00″
DK1067+300	DK1122+500	119°30′00″
DK1122+500	DK1169+000	120°00′00″
DK1169+000	DK1238+500	120°30′00″
DK1238+500	DK1287+999.17	121°00′00″
DK1287+999.17	终点	121°30′00″

为了满足《客运专线铁路无碴轨道工程测量技术暂行规定》对投影变形控制值不大于 10 mm/km 的要求，投影面大地高的取值提高，高程抵偿面分段见附表 1-2。

附表 1-2　高程抵偿面分段

起点里程	终点里程	中央子午线	投影面大地高/m	最大投影变形值 /（mm/km）
DK665+100	DK714+000	117°30′00″	40	9.4
DK714+000	DK759+000	117°00′00″	30	8.5
DK759+000	DK858+500	117°30′00″	30	8.4
DK858+500	DK885+710	117°30′00″	70	8.3
DK885+710	DK940+400	118°00′00″	70	7.9
DK940+400	DK953+000	118°00′00″	40	10.0
DK953+000	DK1013+435	118°30′00″	25	8.1
DK1013+435	DK1067+300	119°00′00″	30	8.7
DK1067+300	DK1122+500	119°30′00″	15	9.4
DK1122+500	DK1169+000	120°00′00″	15	9.8
DK1169+000	DK1238+500	120°30′00″	10	7.7
DK1238+500	DK1287+999	121°00′00″	10	8.3
DK1287+999	DK1305+121	121°30′00″	20	7.7

高程系采用 1985 高程基准。此外，为与北京至徐州段衔接，要联测铁三院 CPI 平面点四个、二等水准点一个。

GPS B 级点（CPI）最弱边相对中误差小于 1/170 000，基线边方向中误差不大于 1.3″，相邻点的相对点位中误差小于 $5+D·10^{-6}$ mm，采用全站仪测量 CPII 时，CPI 以点间距为 4 km 设一点对，点对间间距不小于 1 km 且必须通视。当采用 GPS 测量 CPII 时，CPI 点间距为 4 km，不做点对；C 级 GPS 点（CPII）最弱边相对中误差小于 1/100 000，基线边方向中误差不大于 1.7″；C 级 GPS 点间距为 800～1 000 m，要求前后点通视，至少有一个点与之通视。

二等水准测量每公里偶然中误差不超过 1 mm，全中误差不超过 2 mm。测段、区段、路线往返测高差不符值不超过 $4\sqrt{K}$，符合路线闭合差不超过 $4\sqrt{L}$，检测已测测段高差之差不超过 $6\sqrt{R}$。二等水准点按每 2 km 设置一个，并位于离开线路中线 50～150 m 范围内。重点工程地段根据实际情况增设。二等水准按附合路线或闭合路线观测，不能按支水准路线观测。

二等水准点在满足 CPI、CPII 对点位的要求时，可与 CPI、CPII 共用。

四、GPS 点测量

1. 点名及点号

GPS B、C 级点不取点名，点之记中点名一栏不填。

点号：GPS B、C 级点点号分别由"CPI"和"CPII"加 3 位流水号组成。自徐州至

上海方向编号，点号唯一。"CPⅠ"表示 GPS B 级，"CPⅡ"表示 GPS C 级。当 CPⅠ，CP
Ⅱ与二等水准共点时，点号分别按 GCPⅠ、GCPⅡ加 3 位流水号编排。

2. 标　石

（1）类型

标石的基本形状采用正四棱柱状混凝土普通标石。

（2）规格

B 级点（CPⅠ）：下底 30×30 cm，上底 20×20 cm，高 95 cm，如附图 1-1 所示。

C 级点（CPⅡ）：下底 20×20 cm，上底 15×15 cm，高 65 cm，如附图 1-2 所示。

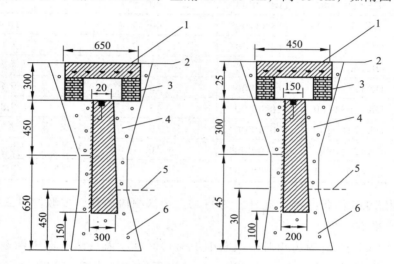

附图 1-1　CPⅠ标石埋设图　　附图 1-2　CPⅡ标石埋设图

注：1—盖；2—土面；3—砖；4—素土；5—冻土线；6—贫混凝土

建筑物顶上设置标石，标石应和建筑物顶面牢固连接。建筑物上各等平面控制点标石
设置规格应符合附图 1-3 的规定（包括 CPⅠ，CPⅡ，CPⅢ）。

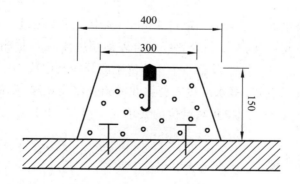

附图 1-3　建筑物上各等平面控制点标石设置（单位：mm）

CPⅡ点与水准点共用时，其标石埋设按水准点实施。

（3）制作

柱石采用预制或现浇。

在预制柱石上压印 B，C 级点点号，并用油漆描红。现浇时，点号现场压印。

（4）中心标志

考虑 CPⅠ，CPⅡ 与二等水准共点，所以 CPⅠ，CPⅡ、二等水准点中心标志均按一个规格制作。均采用不锈钢质中心标志。在标志的正中位置刻制长 10 mm，深、粗均小于 0.5 mm 的"＋"字丝作为 GPS 观测的对中点。

3. 控制点布设要求

沿铁路设计中线两侧 50 m 至 1 000 m 范围布设 GPS B 级网点，按"基本技术要求"中规定的点间距布设。在沿线大型桥梁、隧道处考虑加布点。为兼顾 GPS 网形，在实地条件允许时，CPⅠ 可在铁路中心线两侧错开布点。为保证通视，CPⅡ 在距离线路中心线 50～150 m 范围内沿线路一侧布设。CPⅡ 如要跨线路布设，则必须考虑路基对通视的影响。

（1）选点

点位选在地质情况稳定、地基坚实，且地下水位较低，利于 GPS 观测，能长期保存的稳定区域。

① 点位必须选择在四周开阔的区域，在地面高度角 15° 内不应有成片的障碍物。点位选取时必须与施工单位协调，保证点位不被破坏。

② 点位应选择在交通方便，且利于安全作业的地方。

③ 点位附近不应有大面积水域或其他强烈干扰卫星信号接收的物体（如金属广告牌等）。

④ 点位须远离大功率无线电发射源（如电视台、电台、微波站等），其距离不得小于 200 m，并远离高压输电线距离不得小于 50 m。

（2）埋石

标石坑以选点所确定的位置为中心挖掘，标石坑大小以方便作业为准，深度 CPⅠ 不小于 1.4 m，CPⅡ 不小于 1.1 m。采用现浇标石在施工时必须充分搅拌并捣实，埋石时不用回填土，全部采用混凝土回填，并夯实；采用预制标石在施工时必须先在标石坑底部采用贫混凝土，回填时标石四周分别采用贫混凝土和素土回填，并夯实。

（3）施测概略经纬度

埋石完成后用手持 GPS 接收机施测概略经纬度并记录到点之记中，精确到整秒。

（4）点之记

点之记制作在 Word2000 下绘制整理。点之记包含以下内容：① 点号；② 所在 1：1 万图的图号；③ 概略经纬度；④ 所在地；⑤ 交通情况、交通略图；⑥ 点位通视情况及点位略图；⑦ 选点情况及埋石情况。其中点之记中的点位略图、交通路线图用 CAD 绘制，再剪切镶嵌到表内的相应位置。

点之记中的交通路线图、交通情况、点位略图及点位说明要尽可能多地增加找点信息，以便查找点位，并力求语言精练、简洁明了。当点位周围有高于地平仰角 15° 以上的障碍物或大面积水域时，需在现场绘制点位环视图。确保点之记内容完整、格式统一、整齐美观。

（5）拍照

在埋石过程中，应及时拍照反映标石埋设的客观过程，照片为 6 寸彩色。挖好基坑拍一张，安放完标石拍一张，全部埋好后拍一张。拍照所使用的数码相机分辨率不低于 200 万像素。拍照时应调整好相机日期、时间，文件大小以 1 M 左右为宜。拍照方向为由南往北拍。以完整点号作为影像文件名。

4. GPS 观测及内业数据处理

（1）坐标基准

WGS 84 坐标系，参考历元 2000.0。

（2）时间

GPS 观测和记录采用 UTC 协调世界时（$UTC = $ 北京时间 $- 8 \text{ h}$）。

（3）GPS B 级网技术、精度指标

在观测 CP Ⅰ，CP Ⅱ 同时，每隔 10 ~ 20 km 观测一个既有 GPS D 级点，其观测技术指标同 CP Ⅱ，见附表 1-3。

附表 1-3　GPS 观测技术指标

精度指标 \ 等级	CP Ⅰ	CP Ⅱ
观测模式	静态观测	静态观测
卫星高度角	15°	≥15
有效卫星总数	≥6 颗	≥4
平均重复设站数	≥2（边连接）	≥1
观测时段数	2	1 ~ 2
时段长度/min	≥90	≥60
采样间隔/s	15	15 ~ 60
PDOP 值	≤6	≤8

注：① GPS B 级网最弱边边长相对中误差应小于 1/170 000。
②　GPS C 级网最弱边边长相对中误差应小于 1/100 000。

（4）设站

① 作业前，光学（激光）对点器与基座必须严格检查校准，在作业过程中应经常检查保持正常状态，对中误差小于 1 mm。

② 天线安置应严格对中、整平并指北，正确量取至厂商指定的天线参考点高度，并须

获得厂商提供的参考点至天线相位中心改正常数，以便于在随后的数据处理中精确计算天线高。

③ 天线高每时段测前（必须在开机之前）和测后（必须在关机之后）各量取一次，每次应在相同的位置，从天线三个不同方向（间隔120°）量取，或用接收机天线专用量高器量取，两次量取误差不大于 ±2 mm 时，取平均值记入观测手簿。

④ 测站上所有规定作业项目经认真检查均符合要求，记录资料完整无缺，将点位恢复原状后方可迁站。

⑤ 在有效观测时段内，如中途断电，则该时段必须重测。因观测环境及卫星信号等原因造成数据记录中断累计时间超过 25 min，则该时段重测。同步环内，如同步观测时间小于 80 min，则该时段重则。

⑥ 每一同步环观测两个时段，前后时段仪器尽量保持一致，严格对中整平，尽量避免因多次安置仪器对重复基线较差带来的影响。

⑦ 同一时段观测时间不允许跨 UTC 时间 0 时，即北京时间早上 8 时。

⑧ 以"点号+年积日+时段号"构成数据文件名。

例：<u>CPI209 298 1 2</u>　，CPI209 为点号；298 为年积日；1 为该点同步环流水号；2 为时段号。

5. 大地点联测

在网段的起点、中间、终点附近各联测一个国家一等三角点，至少要有两个点。在起、终点的一等三角点必须与邻网保持一致。

6. 内业数据处理

（1）原则上 GPS 网基线解算采用仪器商提供的随机软件，网平差采用鉴定合格的专门软件。

（2）每天要对观测数据进行同步环和异步环、重复基线的计算检核。及时进行观测数据的处理和质量分析，检查其是否符合规范和技术设计要求。单基线解算不合格时，要分析原因。

解算出每一时段的基线向量边后，并计算出该观测时段同步环坐标分量闭合差。当各基线的同步观测时间超过观测时段的 80% 时，其闭合差应符合式（附 1-1）要求。

$$\left.\begin{array}{l} W_x \leqslant \dfrac{\sqrt{n}}{5}\sigma \\[2mm] W_y \leqslant \dfrac{\sqrt{n}}{5}\sigma \\[2mm] W_z \leqslant \dfrac{\sqrt{n}}{5}\sigma \\[2mm] W \leqslant \sqrt{W_x^2 + W_y^2 + W_z^2} \end{array}\right\} \tag{附 1-1}$$

由独立观测边组成的异步环的坐标分量闭合差应符合式（附 1-2）：

$$V_x \leqslant 3\sqrt{n}\sigma$$
$$V_y \leqslant 3\sqrt{n}\sigma$$
$$V_z \leqslant 3\sqrt{n}\sigma$$
$$V \leqslant 3\sqrt{3n}\sigma$$

（附1-2）

已知点也应按式（附1-2）计算附合闭合差。同一边任意两个时段成果互差应小于GPS接收机标准差的$2\sqrt{2}$倍。当检查发现，观测数据不能满足要求时，应对成果进行全面分析，必要时应采取补测或重测。GPS观测的精度指标见附表1-4。

附表1-4　GPS观测的精度指标

级别	B	C	D	E
a/mm	≤8	≤10	≤10	≤10
b/（mm/km）	≤1	≤5	≤10	≤20

注：a—固定误差（mm）；b—比例误差系数。

各级GPS网相邻点间弦长精度用式（附1-3）表示：

$$\sigma = \sqrt{a^2 + (b \cdot d)^2}$$

（附1-3）

式中，σ为中误差（mm）；d为相邻点间距离（km）。

当各项要求符合标准后，应以全网有效观测时间最长网点的WGS-84三维坐标作为起算数据，进行GPS网的无约束平差。基线向量的改正数（$V_{\Delta x}$，$V_{\Delta y}$，$V_{\Delta z}$）绝对值应在规定限差（3σ）之内。

（3）在无约束平差确定的有效观测基础上，进行三维约束平差。约束平差中，基线向量的改正数与剔除粗差后无约束平差结果的同名基线相应改正数的较差（$d_{\Delta x}$，$d_{\Delta y}$，$d_{\Delta z}$）应不大于规定限差（2σ）要求。基线精度以式（附1-4）进行计算：

$$\sigma = \sqrt{a^2 + (b \times d \times 10^{-6})^2}$$

（附1-4）

式中，固定误差$a = 8$ mm；$b = 1$ mm/km；d为基线长度，以km为单位。

7. 上交资料清单

（1）技术设计书；

（2）仪器检验资料；

（3）GPS网联测图；

（4）GPS网展点图（标出通视方向，线位及里程）；

（5）GPS网原始观测数据、手簿；

（6）GPS网平差计算资料；

（7）GPS网成果表；

（8）点之记；

（9）工作报告、技术总结、检查报告；

（10）除仪检资料和观测手簿外所有资料的光盘。

五、二等水准测量

1. 水准线路布设

二等水准测量线路基本沿线路布设按附合水准或闭合水准，点间距为 2 km 左右。对沿线的一、二等水准点进行连测。以可靠、稳定的一等水准点作为高程起算和构成附合线路或闭合线路，利用二等水准点作为高程检查。水准点可不进行重力测量。

根据江苏省地质调查研究设计院、上海市地质调查研究设计院《京沪高速铁路丹阳至上海段地面沉降地区轨道结构类型选择研究报告》，丹阳至上海段（DK1112+500 ~ DK1305+121），线路长 193.769 km 为地面沉降区。

因此，为了保证京沪高速铁路的顺利施工和运营维护的需要，结合沿线工程地质条件和京津城际铁路施工经验，沿线需要布设基岩点、深埋水准点和一般水准点三种类型的高程控制点，组成统一的高程控制网。

水准点的高程采用正常高，按照 1985 国家高程基准起算。

2. 水准点选点

高程路线尽量沿便道进行，水准点选点必须保证地基坚实稳定，不受施工影响，利于标石的长期保存与观测。水准点离高速铁路施工中线距离 50 ~ 150 m 为宜，深埋水准点离高速铁路施工中线距离 50 ~ 400 m 为宜。

基岩点搜集国家既有基岩点直接利用。

深埋水准点：徐州至丹阳段地质条件较好，但为了给本工程提供稳定的高程基准和运营维护的需要，考虑每 28 km 左右布设一个深埋水准点，计划布设 14 个，丹阳至上海段地处区域性地面沉降区，计划按每 18 km 左右设置一个深埋水准点，计划布设 12 个。这样徐州至上海段共计布设 26 个深埋水准点。

一般水准点：《客运专线铁路无碴轨道工程测量技术暂行规定》要求一般不大于 2 km 一个。下列地点不应选埋水准点：

（1）易受水淹、潮湿或地下水位较高的地点；

（2）易发生土崩、滑坡、沉陷等地面局部变形的地区；

（3）土质松软的地点。

（4）距已有铁路 50 m、公路 30 m 以内；

（5）在修建铁路及其设施时可能毁坏标石的地点；

（6）地形隐蔽不便观测的地点。

3. 水准点编号

水准点编号为 BS×××（三位流水号）。流水号自北向南编排，点号唯一。分段测量时，可预设每段编号，预设编号不够用时，可在编号后加支点编号，如 BS366-1。

4. 水准点标石及点之记

一般水准点标石及标心与 CPⅠ，CPⅡ相同。埋石在现场浇灌，挖坑后底部要夯实，先浇灌底部，待基本凝固后再用模板浇灌上部，并插入不锈钢标心，保持标心垂直和半球露出混凝土（约 1 ~ 2 cm）。每个水准点埋设后，绘制点之记图。在水准点标石埋石中应对部分标石的坑位、标石浇灌进行照相、记录。影像文件名与水准点号对应。标石编号用字模压制，字头朝前进方向，即朝上海方向，并用红油漆填写字体。

深埋水准点的埋设：

深埋水准点根据沿线地层情况，埋设至持力层，预计深度 40 m（最大深度 40 m），不足 40 m 的必须钻孔到基岩，其埋设位置及深度见深埋水准点布置表。

深埋水准点编号为 BS001 ~ BS026（三位流水号）。流水号自北向南编排，点号唯一。

深埋水准点标面按设计院提供的字模进行整饰。其标盖厚度不小于 5 cm，正面表面上部刻字为"深埋基准水准标"，下部为"京沪客运专线"。

（1）施工工艺

定位：根据工程需求，现场确定具体点的埋设位置。

钻进成孔：采用 GC150 ~ GC300 型工程钻机、$\phi130$ 三翼钻头钻进至要求层位深度，测定孔深。

（2）质量要求

孔深误差 < 1/1 000，孔斜 < 1°。

若孔深不足 40 m，则基岩的钢管到基岩基础中不小于 30 cm。

钢管为 $\phi108$，钢管连接应牢固。钢管打入后，钢管内应用水泥砂浆或细石混凝土填实。

钢管上部应锲入水准标石，钢管锲入标石一般在 1.2 m 左右，钢管在标石的中心。

（3）GPS 点、导线点及普通水准点埋设标准

按《国家一、二等水准测量规范》（GB 1289—91）规定，标石点的稳定，一般地区至少需经过一个雨季。根据施工情况，很难按这一规定实施。只能采取应急措施，标石全部现场浇灌，分层夯实和适当浇水养护。同时在整体上应在明年安排复测。

水准点标石规格及埋石要求如附图 1-4 所示，水准点点之记见附表 1-5。

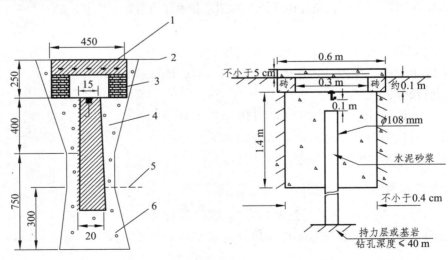

附图 1-4 水准点标石规格及埋石要求

1—盖；2—土面；3—砖；4—素土；5—冻土线；6—贫混凝土

附表 1-5　京沪客运专线二等水准点点之记

京沪客运专线		点名：BS

线 路 里 程		标石类型	混凝土
经 纬 度			
所 在 地			
交 通 路 线		地别土质	
点 位 说 明			
选 点 单 位		埋石单位	
选 点 者		埋石者	
选 点 日 期		埋石日期	
备 注			

5. 水准测量

（1）二等水准网按照国家二等水准测量标准施测，以联测的基岩点为起算点，进行整体严密平差计算。

（2）CPⅢ高程控制网，在二等水准网基础上，按照国家二等水准测量标准施测，起闭于二等水准点。

（3）使用 Leica NA3003/Trimble Dini12 精密电子水准仪或同精度的其他电子水准仪，2 m 或 3 m 因瓦条码水准尺，自动观测记录，采用单路线往返观测，一条路线的往返测必须使用同一类型仪器和转点尺垫，沿同一路线进行。观测成果的重测和取舍按《国家一、二等水准测量规范》（GB 12897—91）有关要求执行。

（4）观测时，视线长度≤50 m，前后视距差≤1.5 m，前后视距累积差≤6.0 m，视线高度≥0.3 m；测站限差：两次读数差≤0.4 mm，两次所测高差之差≤0.6 mm，检测间歇点高差之差≤1.0 mm；观测时，按后—前—前—后的顺序进行，每一测段应为偶数测站。

一组往返测宜安排在不同的时间段进行；由往测转向返测时，应互换前后尺再进行观测；晴天观测时应给仪器打伞，避免阳光直射；扶尺时应借助尺撑，使标尺上的气泡居中，标尺垂直。

跨越较大河流或水域时，应按《国家一、二等水准测量规范》（GB 12897—91）跨河水准测量有关技术要求执行。

（5）由于全线大部分为桥梁，桥梁高平均 10 m，如果采用精密的水准测量实施难度很大，采用不量仪器高、棱镜高的三角高程测量方法与二等水准测量相结合的方法解决高程传递问题。水准线路分段布设，每隔 2 km 左右与地面二等水准点联测一次。采用不量仪器高、棱镜高的三角高程测量方法。具体要求如下：

① 垂直角观测的技术要求：

使用的测角仪器：垂直角测角中误差必须小于 ±1.0″。

② 距离测量：

使用的测距仪器：测距仪的标称精度必须达到 ±1 mm + 1 × 10⁻⁶。

③ 操作要求：

前后视所用的棱镜必须是同一个，不必量取其高度。

④ 观测要求：

每次测量的技术要求见附表 1-6，1-7。

附表 1-6　三角高程测量技术指标

垂直角测量				距离测量			
测回数	两次读数差	测回间指标差互差	测回差	测回数	每测读数次数	四次读数差	测回差
4	≤ ±1.0″	≤ ±3.0″	≤ ±2.0″	2	4	≤ ±2.0 mm	≤ ±2.0 mm

附表 1-7　二等级水准测量精度要求（单位：mm）

水准测量等级	每千米水准测量偶然中误差 $M_\triangle$	每千米水准测量全中误差 M_W	限　　差			
			检测已测段高差之差	往返测不符值	附合路线或环线闭合差	左右路线高差不符值
二等水准	≤1.0	≤2.0	$6\sqrt{L}$	$4\sqrt{L}$	$4\sqrt{L}$	

（6）水准测量观测顺序如下：

① 往测奇数站：后视基本分划、前视基本分划、前视辅助分划、后视辅助分划。

② 往测偶数站：前视基本分划、后视基本分划、后视辅助分划、前视辅助分划。

③ 返测时，奇数站的观测顺序同往测偶数站，偶数站的观测顺序同往测奇数站。

④ 测段间测站数应为偶数。

（3）由于水准点之间距离较短，观测中一般不设间歇点。

6. 联　　测

精密三角高程测量应尽量与线路附近可靠的一等水准点联测，构成附合路线，其长度不超过 300 千米，高差闭合差不超出 $\pm 4\sqrt{L}$ 毫米；或和二等水准点联测，以检查精密三角高程测量高程，高差不符值不超出 $\pm 6\sqrt{L}$ 毫米。

7. 计　算

（1）每千米测量偶然中误差计算

单棱镜往返观测按往返测高差计算高差不符值，高低双棱镜观测分别按高棱镜和低棱镜分别计算高差求高差不符值。

每千米测量偶然中误差为：

$$M_\Delta = \pm\sqrt{(\Delta\Delta/L)/(4n)} \qquad\qquad （附 1-5）$$

式中，Δ 为高差不符值，单位毫米；L 为测段长，单位千米；n 为测段数。

（2）正常水准面不平行改正数计算

观测高差归算为正常高高差应加入正常水准面不平行改正数，其计算公式为：

$$\varepsilon_i = -AH_i\Delta\varphi_i \qquad\qquad （附 1-6）$$

式中，ε_i 为第 i 测段的正常水准面不平行改正数，以毫米为单位；A 为常系数，可在正常水准面不平行改正数的系数表中查取；H_i 为测段始末点的近似高程，以米为单位；$\Delta\varphi_i$ 为测段始末点的纬度差，以分为单位。

8. 上交成果

（1）观测记录（打印记录）和原始文档，以及原始文档打印软件；
（2）高差计算表；
（3）高程计算表；
（4）水准点高程表；
（5）点之记；
（6）水准点埋石照相记录（光盘）；
（7）仪器检验报告（复印件）；
（8）技术总结。

六、项目质量管理

（1）质量检查分选点埋石、观测两阶段进行。只有当上阶段工作质量合格后才能开展下阶段工作。

（2）工程质量检查实行二级检查制。在工程实施单位自查、自检的基础上，由院质量检查部门负责二级检查。

（3）各级检查人员根据各工种、工序所应遵循的"规程""规范"及"设计书"的具体要求，进行检查并提供成果质量评价。

（4）检查面：自查、自检 100%，二级检查按《测绘产品质量检查验收规定》执行。

附录 2   白龙江苗家坝水电站施工测量控制网技术总结

一、概　述

1. 工程概述

白龙江苗家坝水电站位于甘肃省文县境内，距下游已建成的碧口水电站 31.5 km。苗家坝水电站工程的主要任务是发电。预可研初拟的低坝方案正常蓄水位为 800 m，共安装三台 80 MW 水轮发电机组，总装机容量 240 MW，设计发电量 9.07 亿 kW·h，水库总库容 2.68 亿 m³。工程规模属二等大（2）型。枢纽由拦河混凝土面板堆石坝（最大坝高 114 m，趾板置于覆盖层上），左岸排沙泄洪洞与导流洞采用"龙抬头"形式结合的溢洪洞，引水发电系统及岸边式厂房等组成。

2. 测区概况

苗家坝水电站工程区地理坐标为：东经 105°02′、北纬 32°54′，工程范围内现有一条简易公路沿白龙江左岸可以到达施工区，白龙江右岸只有人行小路可以通行，整个工程施工区内没有交通桥，总体交通极为不便。

受甘肃××有限公司（下称：业主）的委托，我单位于 2007 年 2 月初完成了《白龙江苗家坝水电站施工测量控制网技术设计》，并按业主的要求于 2007 年 2 月 4 日至 3 月 1 日完成了选点、造桩等工作。2007 年 3 月 9 日再次进点，于 2007 年 3 月 28 日完成了所有外业观测工作。

二、测区已有资料及利用情况

1. 测区已有资料情况

（1）已有的平面控制网（点）成果资料

为使测量资料具有连贯性，苗家坝水电站施工测量控制网平面控制点起算数据采用 2006 年 1 月我大队布设的苗家坝坝址区 GPS 控制网中的 M400、M401 两点成果，并与施工测量控制网中的 MS06、MS07 两点构网完成引测。

（2）已有的高程控制网（点）成果资料

为了与前期资料在高程系统方面保持一致，同时也为了与下游已建成的碧口水电站测量资料相衔接，本高程控制网起算点选择国家Ⅱ等水准点武碧Ⅱ15-1。

（3）测区已有平面及高程控制点成果（见附表 2-1）

附表 2-1　测区已有平面及高程控制点成果表

点名	等级	X/m	Y/m	H/m	备注
M400	IV 等	3 640 959.885	35 502 639.309	720.524	起算点
M401	IV 等	3 641 135.172	35 502 252.388	716.521	起算点
M404	IV 等	3 642 213.690	35 501 786.126	720.214	校核点
M405	IV 等	3 641 941.465	35 501 336.397	721.475	校核点
武碧 II 15-1	II 等			731.234	

注：该成果的平面坐标系统为 1954 年北京坐标系；高程系统为 1956 年黄海高程系；边长投影面高程为 750 m；未进行高斯投影。

2. 测区已有资料的利用情况

我们对用作平面起算点的控制点进行了校测，具体的校测方案是：以 M404、M405 两点为起算点，以 M400、M401 两点位附合点，采用三联脚架法按四等光电导线的精度进行了校测。校测结果见附表 2-2。由校核成果来看起算点数据可靠，可以使用。

附表 2-2　控制点校测成果

项　目	方位角闭合差	坐标闭合差		导线全长中误差
		f_x/mm	f_y/mm	
校测结果	1.6″	28	20	1/42 300

苗家坝电站测区内现存国家水准点只有一个，所以无法进行已知国家水准点之间的相互校核。但是为了检校高程起算点的可靠性，在实际工作中联测了平面控制点 M401，该点的高程是 GPS 拟合高程，校核成果见附表 2-3。

附表 2-3　水准起算点的校核成果

校核点名	GPS 拟合高程/m	本次水准联测高程/m	较差/mm	备注
M401	716.521	716.525	4.0	

校核结果及我们现场对该点的检视表明，国家水准点武碧 II15-1 点位稳定可靠，可以作为施工测量控制网的高程起算点。

3. 控制网点的精度指标

根据《技术设计》中的有关规定，该控制网的精度指标要求见附表 2-4。

附表 2-4　精度指标

类　别	等　级	最弱点点位中误差	每千米高差中数偶然中误差	每千米高差中数全中误差	备　注
平面控制网	专用三级	±5.0 mm			相对起始点
高程控制网	II 等		±1.0 mm	±2.0 mm	

4. 平面和高程系统及边长投影面

本次施工测量控制网的平面坐标系统为 1954 年北京坐标系，3° 分带的第 35 度带；高程系统为 1956 年黄海高程系统。依照《技术设计》，本次平面控制网的边长投影面为 750 m 高程面，不进行高斯投影。

三、平面控制测量

1. 平面控制网的布设

依据《技术设计》，平面控制网的布设由 12 点组成。平面控制网网形多由大地四边形、中点多边形相互交织组成。平面控制网点编号规则为：点号前冠以字母"MS"，其中"M"表示苗家坝，"S"表示施工测量控制网的意思。

（1）平面控制网的选点

平面控制网点布设的位置和密度依据《技术设计》布设方案进行，选点时充分考虑了地基的牢固可靠、便于埋石和施工测量工作，且又能长期保存、使用等情况。实地选点工作是在设计的基础上进行。

（2）平面控制网点的造埋

根据国家《水利水电施工测量规范》中有关平面控制点观测墩建造规格和埋设深度的规定，结合各点位处的地质条件及当地的气候情况，按照《技术设计》中观测墩的建造规格，完成平面控制网点的造埋。

对于平面控制网点，要求有较高的稳定性，按照覆盖层的情况，决定地基处理深度。有基岩露头的点位，在建造时挖去了表面风化的松动碎石，基座平台高度有时适当调整。个别桩点先采用钢筋锚固岩基，在此基础上浇筑混凝土观测墩。

观测墩顶面安置强制对中盘，为保证仪器和觇标的置中精度，在观测墩浇筑时，待混凝土凝固适当时再安置强制对中盘，并用管水准气泡反复的检查调整，最终安置的强制对中盘平面倾斜度均小于 4′。

（3）作业依据

《水利水电工程测量规范》（SL 197—97），水利部、电力工业部，1997-08-11 发布；

《水利水电工程施工测量规范》（SL 52—93），水利部、电力工业部，1993-06-25 发布；

《中、短程光电测距规范》（GB/T 16818—1997），国家技术监督局，1997-05-28 发布；

《国家三角测量规范》（GB/T 17942—2000），国家技术监督局，2000-01-03 发布；

《白龙江苗家坝水电站施工测量控制网技术设计》，勘测设计研究院测绘工程大队 2007 年 02 月。

2. 平面控制网的施测

平面控制网的施测根据《技术设计》的推荐方案进行观测，各项观测限差严格执行《技术设计》中的有关技术要求。

（1）测量仪器的型号和标称精度

本次测量工作投入使用的主要仪器见附表2-5。

附表2-5　主要施测仪器

仪器名称	编号	精度指标	生产厂家
TC2003 全站仪	438445	$\pm（1\ \mathrm{mm}+1\times10^{-6}D）$，$\pm0.5''$	瑞士莱卡公司

（2）水平角观测

本次使用的 TC2003 电子全站仪，在 2007 年 02 月经甘肃省测绘产品质量监督检验站检定，其各项性能指标合格，可以投入使用。平面控制网水平角方向观测的技术要求见附表2-6。

附表2-6　观测技术要求

观测方法	测回数	三角形闭合差	测角中误差	方向中误差
全圆方向观测	6	2.5″	0.7″	0.5″
两次读数差	归零差	2c 互差	测回差	观测值取位
3″	5″	9″	5″	0.1″

（3）距离测量

① 使用的 TC2003 电子全站仪，在 2007 年 02 月鉴定的各项性能指标合格，仪器加、乘常数为：加常数 $C=0.45\ \mathrm{mm}$；乘常数 $K=-3.41\ \mathrm{mm/km}$。

② 边长测量的技术要求见附表2-7。

附表2-7　长观测技术要求

序　　号	项　目　名　称	要　　　求
1	观测方法	往返测
2	对中方法	强制对中
3	测回数	4
4	观测时段	往返各 1
5	一测回读数次数	3
6	一测回读数互差	$\sqrt{2}m_s$
7	往返测互差	$\sqrt{2}m_s$
8	气象元素读数精度	T: 0.2 ℃；P: 0.5 hPa
9	测回始末气象元素测定互差	T: 1.0 ℃；P: 1.0 hPa

3. 外业观测成果的检验

（1）方向观测成果的检验

方向观测成果的检验，采用三角形闭合差统计法，测站平差法和计算极条件自由项法，由计算机一次完成。结果统计见附表2-8。

附表 2-8　三角形闭合差统计

三角形个数	三角形闭合差					1/3 限差内个数	2/3 限差内个数	接近限差个数
	正号	负号	为零	最大	允许			
15	9	6	0	1.8	±2.5	7	5	3

按菲列罗公式计算的测角中误差实测为 ±0.68″，符合《技术设计》中规定的测角中误差 ±0.7″ 的要求。

（2）距离测量观测值的检验

距离测量主要进行边长往返测不符值的检验，检验结果见附表 2-9，按 $\sqrt{2}m_s$ 计算均在限差以内。由此可知，边长观测不存在系统误差，观测精度良好。

附表 2-9　边长往返测不符值统计表

测边条数	负个数	正个数	零个数	往返测不符值		
				0～1 mm	1～2 mm	2～3 mm
31	15	15	1	20	8	3

4. 平面控制网的平差

（1）边长的改化参数

观测边长改化时使用的主要参数见附表 2-10。

附表 2-10　边长的改化参数

序号	改化项目	公式及常数
1	气象元素改正	$D_1 = 281.8 - \dfrac{0.290\,65 \times P}{1 + 0.003\,660\,8 \times T}$
2	加、乘常数改正	$\Delta s = 0.45\ \text{mm} - 3.41\ \text{mm} \times S\ (\text{km})$
3	平距化算（利用水准高差）	$D_{平} = \sqrt{S_斜^2 - (H_测 - H_镜)^2}$
4	投影改正（投影到 750 m 高程面）	$\Delta D_2 = \dfrac{\dfrac{H_测 + H_镜}{2} - 750}{R} \times D_{平}$

注：P 为气压（mb）；T 为温度（℃）；R 为地球平均半径 6 371 km。

（2）方向系统误差及边长粗差的检验与剔除

外业观测值通过检验后，在平差计算前，还必须进行系统误差和粗差的检验和剔除，以保证控制网平差成果的精度。

① 方向系统误差的检验和剔除

方向观测值中系统误差的检验，采用三角形闭合差的符号检验法，本次控制网观测结果中，正闭合差个数为 9，负闭合差个数为 6，零闭合差个数为 0，通过检验得知方向观测值无明显的系统误差。

② 边长粗差的检验与剔除

在边长的改化中，已进行了加、乘常数改正，消除了仪器本身的系统性误差，并经运用边长改正数分量法检验，证明边长观测值中无粗差存在，可以参与平面控制网整体平差。

（3）边角权的确定

① 边角精度匹配问题

按照边角网定权原则，采用方向中误差的先验值 $m_a = \pm 0.5''$ 作为平差计算中的单位权中误差。边长观测值的中误差，按其标称精度 $m_s = \pm (1\ mm + 1 \times 10^{-6} \times D)$ 计算，具体定权如下：

$$P_i = C / m_a^2 = m_a^2 / m_a^2 = 1$$

$$P_s = C / m_s^2 = m_a^2 / (0.1 + 1 \times 10^{-4} \times S)^2$$

式中，m_a 为方向中误差的先验值，取 $m_a = \pm 0.5''$；P_i 为方向观测值的权；P_s 为边长观测值的权，单位：s^2/cm^2；m_s 为测距仪的标称精度，取 $m_s = \pm (1\ mm + 1 \times 10^{-6} \times D)$。

② 边角精度匹配的准则

用横向、纵向误差的比值 $K = M_L = M_q$ 来衡量，$K = 1$ 时，测角误差与边长误差引起的横向、纵向误差相等，为所谓的边角精度完全匹配，一般情况下，当 $0.5 \leqslant K \leqslant 2.0$ 时，边、角精度是匹配的。

（4）平差计算

平差计算按附有条件的间接平差法，使用"清华山维"平差软件进行平差，结果良好。

（5）精度评定

① 验后方向中误差 $m_0 = \pm 0.48''$，固定误差 $= \pm 0.96\ mm$，边长比例误差 $= 0.6 \times 10^{-6}$。

② 平差后各点的点位中误差见表 2-11。各点的点位误差分布均匀，说明观测值精度接近，全网整体强度好。

③ 控制网中最大点位误差 $\pm 2.8\ mm$，最大点间误差 $\pm 2.8\ mm$。

④ 平差后边长的最弱边相对中误差为 1/740 000。

平差后平面点位的点位中误差统计见附表 2-11。

附表 2-11 平面点位的点位中误差

点名	长轴 E/mm	短轴 F/mm	长轴方位 Etdms / (°)	点位中误差/mm	备注
MS01	1.6	1.0	− 83.331 24	1.9	
MS02	1.0	0.8	61.314 94	1.3	
MS03	0.7	0.7	− 19.370 59	0.9	
MS04	0.8	0.7	49.383 23	1.1	
MS05	0.9	0.8	− 88.272 82	1.2	
MS06	0.0	0.0	0.000 00	0.0	固定点
MS07	0.7	0.0	− 81.471 25	0.7	
MS08	0.8	0.6	76.325 65	1.0	
MS09	2.5	1.1	− 40.400 41	2.8	
MS10	0.7	0.6	− 73.280 38	1.0	
MS11	1.6	1.0	− 25.163 49	1.9	
MS12	1.2	1.0	− 6.103 68	1.6	

注：① "技术设计"规定的最大点位中误差为 $\pm 5.0\ mm$。

② 平差后平面点位的点位中误差统计见附表 2-12。

附表 2-12　平面点间误差

点名	点名	M_t	M_D	T-方位	D-距离	备注
MS01	MS04	1.1	0.9	204.293 69	481.494 5	
MS01	MS06	1.6	1.0	189.215 52	868.941 6	
MS01	MS02	0.9	0.9	202.262 96	348.778 1	
MS04	MS02	0.3	0.8	29.513 72	133.525 4	
MS04	MS03	0.4	0.7	124.532 85	176.290 3	
MS04	MS08	1.3	0.8	142.544 01	885.179 9	
MS04	MS06	0.8	0.7	172.053 44	423.219 4	
MS06	MS03	0.7	0.7	15.105 01	329.864 4	
MS06	MS07	0.0	0.7	98.124 75	566.986 5	
MS06	MS10	0.6	0.7	110.500 22	676.676 0	
MS06	MS02	1.0	0.9	0.530 41	535.058 1	
MS06	MS05	0.8	0.9	60.532 09	386.896 0	
MS06	MS08	0.7	0.7	121.060 64	555.431 7	
MS03	MS08	1.1	0.8	147.152 68	719.606 2	
MS08	MS05	1.1	0.8	343.511 01	494.652 7	
MS08	MS09	2.6	1.0	44.183 60	1236.893 0	
MS08	MS11	1.6	0.9	52.373 07	781.822 4	
MS08	MS12	1.1	0.8	58.582 02	514.688 0	
MS08	MS07	0.5	0.6	22.340 70	222.992 2	
MS08	MS10	0.4	0.5	73.341 71	163.518 5	
MS07	MS10	0.4	0.6	155.565 56	174.849 4	
MS10	MS09	2.3	1.0	40.075 64	1097.154 8	
MS10	MS11	1.4	0.9	47.185 96	631.819 8	
MS10	MS12	0.8	0.8	52.223 56	358.823 9	
MS09	MS12	1.8	1.0	214.184 17	750.362 1	
MS09	MS11	1.3	1.0	210.354 21	476.886 9	
MS11	MS12	0.7	0.9	220.441 43	276.213 4	

四、高程控制测量

1. 高程控制网的布设

依据《技术设计》高程控制网分两级布设：Ⅱ等水准网是高程控制网的主体部分。为了对平面控制网点之间的斜距进行化平计算，需要对各网点的高程进行测定，除已纳入水准闭合环内的高程控制点外，Ⅱ等水准支线是对Ⅱ等水准网的必要补充。

高程控制网起算点的引测方法是直接把国家水准点武碧Ⅱ15-1纳入Ⅱ等水准路线，以其高程作为高程控制网的起算高程。考虑到施工测量控制网的可靠性等因素，在远离施工区、基础稳固、不易破坏的施工营地下游布设了两个永久性水准点：BM05、BM06，在以后工作中可以作为高程控制的水准基点。

（1）高程控制网点的选点

高程控制网共计水准点18个，其中包括永久水准点6个，其余12个高程控制点位于各平面观测墩基座上。点位总体上沿白龙江两岸布设，以方便各控制点的高程联测为主要目的，并顾及到点位的使用寿命，尽量选择在易长期保存的地点建造。

（2）高程控制网点的造埋

所有永久水准点均埋设了永久性水准点标志，在埋设时对点位基础进行了处理，尤其对BM05、BM06两点加筑了底盘，埋设在了基岩上，确保其稳定性。

（3）作业依据

①《国家一、二等水准测量规范》（GB 12897—91），国家技术监督局于1991年05月05日发布。

②《白龙江苗家坝水电站施工测量控制网技术设计》，西北勘测设计研究院测绘工程大队2007年02月。

2. 高程控制网的施测要求

（1）测量仪器的型号和标称精度

本次水准测量工作投入使用的主要仪器见附表2-13。

附表 2-13　主要施测仪器

仪器名称	编　号	精度指标	生产厂家
Ni007 自动安平水准仪	561734	0.7 mm/km	蔡司公司
DINI12 电子水准仪	701485	0.3 mm/km	天宝公司

（2）水准测量的主要观测技术要求

高程控制网的外业观测严格执行《技术设计》中的有关技术要求，详见附表2-14、附表2-15、附表2-16。

附表 2-14　水准测量的技术要求（单位：m）

等级	仪器类型	视线长度	前后视距差	任一测站前后视距差累积	视线高度
Ⅱ	DS1，DS05	≤50	≤1.0	≤3.0	≥0.3

附表 2-15　水准测量的技术要求（单位：mm）

等级	上下丝读数的均值与中丝读数之差		基辅分划读数之差	基辅分划所测高差之差	检测间歇点高差之差
	0.5 cm 刻划标尺	1 cm 刻划标尺			
Ⅱ	1.5	3.0	0.4	0.6	1.0

附表 2-16　水准测量的技术要求（单位：mm）

等级	测段、区段、路线往返测高差不符值	附合路线闭合差	环闭合差	检测已测测段高差之差
Ⅱ	$4\sqrt{K}$ 或 $0.4\sqrt{n}$	$4\sqrt{L}$ 或 $0.4\sqrt{n}$	$4\sqrt{F}$ 或 $0.4\sqrt{n}$	$6\sqrt{R}$ 或 $0.6\sqrt{n}$

注：K 为测段、区段或路线长度（km）；L 为附合路线长度（km）；F 为环线长度（km）；R 为检测测段长度（km）；n 为水准路线单程测站数。

3. 外业观测成果的检验

水准测量外业数据的检验，主要是进行测段往返不符值的计算和水准环线闭合差的统计。经过计算，各水准测段的往返不符值和水准环线的闭合差均在限差以内，统计结果见附表 2-17、附表 2-18、附表 2-19。

附表 2-17　水准环线闭合差统计

名　称	路线长度/km	实测闭合差/mm	允许闭合差/mm
Ⅱ等水准闭合环	5.19	+0.16	±9.11

附表 2-18　每公里高差中数偶然中误差统计

水准等级	实测值/mm	限差/mm
Ⅱ等	±0.58	±1.0

附表 2-19　Ⅱ等水准部分测段往返不符值统计

区段号	测站数	距离中数/m	实测往返不符值/mm	允许闭合差/mm
Ⅱ15-1—JX07	16	430	−1.63	2.62
JX07—BM06	20	631	−0.87	3.18
BM06—BM05	2	147	0.66	1.53
BM05—Z1	14	879	1.11	3.75
Z1—BM04	10	156	−0.12	1.58
BM04—Z3	18	404	−0.86	2.54
Z3—Z4	12	356	0.18	2.39
Z4—Z5	14	926	1.01	3.85
Z5—Z6	6	388	0.79	2.49
Z6—MS01 下	24	584	0.27	3.06
MS01 下—JX04	18	383	0.30	2.48

续附表 2-19

区段号	测站数	距离中数/m	实测往返不符值/mm	允许闭合差/mm
JX04—BM01	6	121	− 0.10	1.39
BM01—MS02 下	8	117	− 0.25	1.37
MS02 下—JX02	22	695	0.40	3.33
JX02—JX01	12	461	0.05	2.72
JX01—BM02	10	137	− 0.77	1.48
BM02—MS10 下	4	50	− 0.09	0.89
MS10 下—JX03	12	239	0.15	1.96
JX03—BM03	16	206	0.14	1.81
BM03—MS12 下	4	41	− 0.23	0.80
MS12 下—MS11 下	14	348	− 0.71	2.36
MS11 下—JX05	8	296	− 0.14	2.18
JX05—Z4	2	197	0.04	1.77
Z4—JX08	26	476	1.95	2.76
JX08—MS07 下	6	78	0.44	1.11
MS01 下—MS03 下	24	631	0.66	3.18
MS03 下—Z8	12	242	0.28	1.97
Z8—MS05 下	30	233	0.53	1.93
BM04—Z2	10	178	0.91	1.69
Z2—MS09 下	8	67	− 0.03	1.04
MS02 下—MS04 下	8	183	− 0.73	1.71
BM02—MS08 下	14	160	0.02	1.60
JX02—JX06	12	296	0.04	2.18
JX06—MS06 下	36	255	0.02	2.02

往返不符值在 1/3 限差内的有 26 段，占总数的 76.5%；2/3 限差内的有 7 段，占总数的 20.6%；大于 2/3 限差的有 1 段，占总数的 2.9%。

由上述统计结果可以看出，水准测量外业观测的精度优良。

4. 水准网平差计算及精度评定

由于水准闭合环闭合差 = + 0.16 mm，环线总长 5.2 km，闭合差差值很小，所以在计算过程中对环闭合差按测段长度进行了配赋，未进行严密平差。

高程控制网中的最弱点 MS05 相对于高程起算点武碧 II15-1 的高程中误差为 ± 1.42 mm，满足最弱点高程中误差小于 ± 2.5 mm 要求。

五、原始数据的记录方式

1. 电子记录

本次测量中边长、水平角及部分水准测量数据使用 PC—E500 计算机进行外业记录，另外还有部分水准记录采用仪器内存记录。并以观测记录簿为补充件，采集方法遵循所执行的测量标准及规定。记录所用的程序软件是由我队有关技术人员编写的并经严格检查确定无误后使用。

2. 数据输出

（1）将计算机内的数据通过连线传输到计算机中，形成**.TXT 文件，以电子文档保存起来。

（2）将记录的数据打印出来，形成文本文件装订成册。

3. 人工记录

某些特殊问题的外业处理,采用人工手簿记录，记录方法采用常规测量的经典记录法。

六、资料的检查验收

全部内、外业工作结束后，按照国家测绘局颁布的《测绘产品检查验收规定》，对资料进行严格的两级检查和一级验收工作。

两级检查分过程检查和最终检查。过程检查由作业组人员在自查互检的基础上，按照技术设计书、相应的技术标准和有关的技术规定，进行 100% 的检查，把各类缺陷消灭在作业过程中。最终检查验收由本单位的质检部门负责实施，按《测绘资料检查验收规定》进行测绘资料交验。

通过大队质检室检查验收，本项目的质量评定为良等品。

七、人员配备及野外机构配置

项目经理：××。
项目技术负责：××。
外业质检人员：××。
大队质检：××。
主要作业人员：××。

八、资料提交

1. 提交的资料内容

（1）技术设计。
（2）施工测量控制网布置图（平面和高程）。

（3）桩点移交书。

（4）控制点成果表。

（5）测量仪器鉴定书。

（6）技术总结报告。

（7）检查验收报告。

（8）竣工验收报告。

2. 提供资料的形式

（1）电子文档。

（2）打印的成果表及图件。

九、工作量统计

根据《技术设计》要求，本次施工控制网测量工作实际完成的工作量见附表 2-20。

附表 2-20　完成的工作量

序号	项目名称	规格	单位	数量	备注
一	土建部分				
1	修路				
1-1	观测台阶	0.8 m 宽	m	20	岩石上
1-2	水准观测小路	1.2 m 宽	km	2.0	土石小路
2	造标				
2-1	观测墩	1.2 m 高	座	12	
2-2	水准点		个	12	位于平面观测墩基座上
2-3	永久水准点		个	6	基础加固处理
二	观测部分				
1	平面控制		点	14	含已知点引测
1-1	边长		条	32	每条往返观测
1-2	方向		个	64	
2	高程控制		点	18	
2-1	Ⅱ等水准		站/km	976/12.0	
三	资料整理				
1	技术设计		本	8	
1	测量报告		本	8	
2	其他附件		套	8	成果表等
3	观测墩附件		套	4	

十、结论及今后工作的建议

1. 结　论

白龙江苗家坝水电站施工测量控制网测量工作于二月初开始，至三月底顺利完成了所有的内、外业工作。从测绘产品的整体来看，通过测区、队部有关部门的检查验收，各方面的指标均达《技术设计》中的要求。

2. 建　议

（1）本次工作是施工测量控制网的首次观测，从各项技术指标来看本施工测量控制网具有较高的可靠性。但在工程施工期间是否会对施工网点的稳定性造成影响、有多大的影响，这些只能通过及时的复测来掌握施工测量控制网点位移的方向和量值。所以建议在施工测量控制网运行一阶段后应及时对全网进行复测，以保证苗家坝水电站各项工程的顺利完工。

（2）在所有控制点（平面、高程）移交甲方后应做好点位的保护工作，以保证施工测量控制网的完整性，特别是位于白龙江左岸的点位要加强保护。

（3）在施工网的使用过程中要做到每次设站必须校测，以防止点位发生位移。如果在使用过程中发现某个点位有明显位移，应及时采取措施，以保证各项工程的测量精度和质量。

参考文献

[1]　林玉祥. 控制测量[M]. 北京：测绘出版社，2013.

[2]　张慧慧，孙艳崇. 控制测量[M]. 沈阳：东北大学出版社，2014.

[3]　李玉宝，沈学标，吴向阳. 控制测量学[M]. 南京：东南大学出版社，2013.

[4]　陈传胜，张鲜化. 控制测量技术[M]. 武汉：武汉大学出版社，2013.

[5]　许加东. 控制测量[M]. 北京：中国电力出版社，2011.

[6]　张凤举，张华海，赵长胜，等. 控制测量学[M]. 北京：煤炭工业出版社，1999.

[7]　孔祥元，梅是义. 控制测量学[M]. 武汉：武汉大学出版社，2004.

[8]　中华人民共和国建设部,中华人民共和国国家质量监督检验检疫总局. 工程测量规范 GB50026-2007[S]. 北京：中国计划出版社，2008.

[9]　中华人民共和国建设部. 城市测量规范[S]. 北京：中国建筑工业出版社，1999.

[10]　国家技术监督局. 国家一、二等水准测量规范[S]. 北京：中国标准出版社，1991.

[11]　国家测绘局. 测绘技术总结编写规定[S]. 北京：测绘出版社，2006.

[12]　国家测绘局. 测绘技术设计规定[S]. 北京：测绘出版社，2006.